梦的研究与梦例分析

陆华新 杨名 余芳 董汉宁 丁萌 著

中国出版集团

现代出版社

图书在版编目（CIP）数据

梦的研究与梦例分析 / 陆华新等著. -- 北京 : 现
代出版社, 2024.11. -- ISBN 978-7-5231-1108-6

Ⅰ. B845.1

中国国家版本馆CIP数据核字第2024A8Q687号

梦的研究与梦例分析
MENG DE YANJIU YU MENGLI FENXI

著　　者	陆华新 杨名 余芳 董汉宁 丁萌

责任编辑	杨学庆
责任印制	贾子珍
出版发行	现代出版社
地　　址	北京市安定门外安华里504号
邮政编码	100011
电　　话	(010) 64267325
传　　真	(010) 64245264
网　　址	www.1980xd.com
印　　刷	北京荣泰印刷有限公司
开　　本	710mm×1000mm　1/16
印　　张	17
字　　数	190千字
版　　次	2024年11月第1版　2024年11月第1次印刷
书　　号	ISBN 978-7-5231-1108-6
定　　价	88.00元

前言

　　梦看似可有可无，不像柴米油盐酱醋茶那般不可或缺，却相伴一个人的一生。梦的作用看似无足轻重，不像财富和地位那般可以给人带来最现实的感受，却影响一个人的一生。梦看似简单却复杂，说它简单，因为人人都可以谈论梦；说它复杂，因为现有理论与学说存在诸多争议，需要相关学者不断探索与研究。

　　在《梦、睡眠与心理问题》的基础上，本书聚焦梦的研究，通过对 500 多个梦例收集、整理、分析，归纳出梦境的组成元素，分析了梦境的拼凑性、思维性、易忘性、日期缺失性、怪异性和不确定性等六个属性。提出了梦境对人体健康六个方面的积极作用，即：状态的显示作用，情绪的宣泄作用，压力的减轻作用，需求的满足作用，场景的新奇作用和生活的调和作用。运用举例说明法分析了环境、梦者躯体状况和心理状态与梦的联系。对 120 个不同类型的梦例，结合环境、心理、躯体方面的因素，用唯物主义方法进行了较为合理的分析。为读者科学看待梦、自我分析梦，提供了借鉴和帮助。

陆华新

2024 年 6 月 16 日

目 录

上篇　梦的研究 / 1

第一章　梦境与梦境的元素 / 3

一、梦 / 3

二、梦境 / 11

三、梦境的元素 / 12

四、梦境元素的来源 / 15

五、梦境元素的抽提 / 16

第二章　安静的梦与伴有言行的梦 / 18

一、安静的梦 / 18

二、伴有言行的梦 / 21

第三章　梦境的属性　/　26

一、神经细胞与神经细胞静息　/　26

二、梦境的拼凑性　/　32

三、梦境的思维性　/　33

四、梦境的易忘性　/　34

五、梦境的日期缺失性　/　36

六、梦境的怪异性　/　38

七、梦境的不确定性　/　40

第四章　梦境的作用　/　42

一、状态的显示作用　/　43

二、情绪的宣泄作用　/　45

三、压力的减轻作用　/　48

四、需求的满足作用　/　52

五、场景的新奇作用　/　61

六、生活的调和作用　/　71

第五章　梦境与环境　/　74

一、顺风顺水的环境　/　75

二、平淡无奇的环境　/　77

三、生活艰苦的环境　/　79

第六章　梦境与躯体状况　/　81

　　一、健康有力的状况　/　82

　　二、疾病缠身的状况　/　84

　　三、良好躯体状况的维护　/　86

第七章　梦境与心理状态　/　95

　　一、心情愉悦的状态　/　95

　　二、心里郁闷的状态　/　96

　　三、躯体状况与心理状态的相互影响　/　98

第八章　给梦者的建议　/　102

　　一、不必在意梦境的内容　/　102

　　二、正确看待梦境的属性　/　104

　　三、积极利用梦境的作用　/　110

下篇　梦例分析　/　**117**

主要参考文献　/　262

后　记　/　264

上篇

梦的研究

MENG DE YAN JIU

第一章

梦境与梦境的元素

　　喝水、进食是人类的普遍生活现象，梦是人类的普遍生理现象。一位七八十岁的老人，做过的梦成百上千。梦很寻常，人们时时提及梦，但较之于水和食物，人们对梦的探讨和研究却远远不够。水和食物看得见、摸得着，于是饮用水有了严格的标准，各种饮料和食物的生产也形成了庞大的产业链。而梦看不见、摸不着，与人们的物质生活水平没多大关联，因此对梦的研究容易被轻视。

　　随着社会的发展、人类文明的进步，人们渐渐重视精神和心理的健康。与睡眠、心理问题密切相关的梦，自1899年弗洛伊德《梦的解析》对梦的研究达到一个高峰后，持续有一些学者投入时间和精力来研究梦。

一、梦

　　有人就有梦，有梦就有人谈论梦，关心梦，思考梦，分析梦。

　　较之于看得见、摸得着的衣食住行等生活需要，梦，既看不见更摸不着，容易让人产生这样那样的遐想。科学地研究梦，合理地分析梦例，具有一定的难度与挑战性。

1. 关于梦的书

远古时期，在部落社会里，人们把梦看成神的指示或魔鬼作祟。

人类社会发展到封建社会、资本主义社会后，人们不断进行梦的探索，并将探索成果以文字形式记录下来，传播开来，形成了关于梦的书。流传至今比较有影响力的有两本书，一本是流传于中国民间的《周公解梦》；另一本是奥地利精神分析专家弗洛伊德的《梦的解析》。

中国的《周公解梦》和《世说新语》片段

梦文化是中国古代文化中不可或缺的重要组成部分，虽难登大雅之堂，却在民间流传甚广。在中国民间，关于梦文化最具代表性的便是《周公解梦》。《周公解梦》是后人借周公之名而著，其中列举种种梦境，并对梦的吉凶进行预测。

周公旦，姬姓，名旦，是周朝历史上第一代周公。先秦时期男子多以爵位、官职、籍贯等加上名字称呼，且称氏不称姓，虽为姬姓，一般不称呼姬旦，称叔旦、周公旦，谥号为文，又称周文公。周公旦为周文王第四子，周武王之弟。武王死后，成王年幼，由周公旦摄政当国。其时，管叔、蔡叔和霍叔勾结商纣王子武庚和徐、奄等东方夷族反叛，史称"三监之乱"。周公旦奉命出师，3 年后平叛，并将国家势力扩展至东海。后建成周洛邑，称为"东都"。《尚书大传》称"周公摄政"：一年救乱，二年克殷，三年践奄，四年建侯卫，五年营成周，六年制礼作乐，七年致政成王。

周公是一位在孔子梦中频频出现的人物，其也就不可避免地与梦联系起来。梦，经常被称为"周公解梦"或"梦见周公"。

除了通篇谈论梦的《周公解梦》，成书于约 1600 年前的《世说新语》中有段关于梦的对话也很有价值。

这段对话的原文是：

"卫玠总角时，问乐令梦，乐云：'是想。'卫曰：'形神所不接而梦，岂是想邪？'乐云：'因也。未尝梦乘车入鼠穴，捣齑啖铁杵，皆无想无因故也。'卫思因，经日不得，遂成病。乐闻，故命驾为剖析之。卫即小差。乐叹曰：'此儿胸中当必无膏肓之疾！'"

翻译成现在的说法是：

卫玠还是个孩子的时候，问尚书令乐广关于"做梦"的事，乐广说梦就是"想"。卫玠说："身体和精神都不曾接触过的事物却出现在梦里，怎么能说是'想'呢？"乐广说："这是在沿袭做过的事。不会梦见坐车进老鼠洞，或者捣碎姜蒜去喂铁杵，就是因为没有这些想法，也没有可以沿袭的旧事。"卫玠又开始思索"沿袭"问题，好几天也想不明白，就生病了。乐广听说后，特意坐车去给他分析这个问题。卫玠的病稍微好了一些后，乐广感叹说："这孩子心里一定不会得无法医治之病的。"

《世说新语》是南朝宋刘义庆（403—444 年）编撰的一部志人笔记小说集，主要记载东汉末、三国、两晋士族阶层的遗闻逸事。

《世说新语》中记载的这段关于梦的对话，发生在约 2000 年前。我们的先人那时已经意识到，梦是沿袭的旧事。所谓沿袭的旧事，就是曾经所历所见所闻。那时的人们，所历所见所闻中，从来没有谁坐着马车进老鼠洞，也没有谁会捣碎姜蒜去喂铁杵。所以，那时人们的梦中，不会出现"人坐着马车进老鼠洞"或者"捣碎姜蒜去喂铁杵"的场景。

现在，动画片、科幻片伴随着孩子们的成长，一些动画场景、科幻场景逐渐印在孩子们的脑海中。譬如，《猫和老鼠》中，前一秒猫被拍打成了一张纸片形状，下一秒又活力四射地追赶老鼠。日常生活中的不可能，在动画片、科幻片中变成了可能。如果某科幻片中，多次出现"人坐着马车进老鼠洞"的场景，那么，观看过这部科幻片的人，他（她）日后的梦境中就可能出现"人坐着马车进老鼠洞"的场景。

西方的《梦的解析》

1899 年奥地利精神分析专家弗洛伊德出版了《梦的解析》。在这本专著中，弗洛伊德的主要观点有：

·梦是一个人与自己内心的真实对话，是自己向自己学习的过程，是另外一次与自己息息相关的人生。

·在隐秘的梦境中所看见、所感觉到的一切，呼吸、眼泪、痛苦以及欢乐，并不是没有意义的。人在清醒的意识下，还有一个潜在的心理活动在进行着，这种观点就是弗洛伊德的潜意识理论。

·从心理学角度对梦进行了系统研究，这些研究使梦与疾病的关系逐渐清晰起来。

·梦不是偶然形成的联想，而是压抑的欲望。它可能表现为对治疗有重要意义的情绪的来源，包含导致某种心理疾病的原因。所以，梦是通往潜意识的桥梁。

·任何梦都可分为显相和隐相。显相，梦的表面现象，是指那些人们能记忆并描述出来的内容，即类似于假面具。隐相，是指梦的本质内容，即真实意思，类似于假面具所掩盖的真实欲望。

·梦的运作、化装主要通过压缩、移置特征、次级修正的过程把梦的显相完全歪曲。压缩，是显相的梦被转化为简略的形式，梦的某些成分被略去，另一些只以残缺的形式出现。移置，即一个不重要的观念、小事，梦中却变成大事或占据重要地位。象征，即以具体的形式代替抽象的欲望。它显示了梦作为通往潜意识的真实路径，能形成的内容（变化、矛盾、原因）中反映逻辑关系，以改头换面的方式出现。次级修正，即把梦中无条理的材料加以系统化来掩盖真相等。

《梦的解析》历经百余年并流传至今，奠定了西方心理学研究的基础，影响着我国的心理学研究和实践。然而，一个不争的事实是，全世界心理学的研究者与实践者越来越多，但全世界心理障碍患者的绝对数量和人群占比却不降反增。虽有社会节奏不断加快等客观因素的影响，但以《梦的解析》为基础的西方心理学研究的缺憾和不足逐渐显现。这些缺憾和不足主要有：

·释梦的主观性、任意性和神秘性较为明显。

·把人的一切梦的隐义都与梦者潜意识中的欲望联系起来，显得有些牵强。

·根据其性欲理论来解释梦，不是把人看作社会的人，而是看成一种生物，所以一开始就受到人们的谴责。

·梦只是人睡眠时的一种心理活动，梦中的心理活动与人清醒时的心理活动一样，都是客观事物在人脑中的反映。梦中离奇的梦境是因人睡眠时大脑意识不清，对各种客观事物的刺激产生的错觉所致。如，人在清醒状态下心动过速产生的是被追赶的心悸感，在梦中变成了被人追赶的离奇恐惧的噩梦；人在清醒状态下心动过慢或早搏时引起的心悬空、心下沉的心悸感，在梦中变成了人悬空、人下落的离奇恐惧的噩梦。梦中经常能感觉到一些人清醒时不易感觉到的轻微的生理症状，是因人睡眠时来自外界的各种客观事物的刺激相对变小，来自体内的各种客观事物的刺激相对增强引起的。

除了《梦的解析》，对梦做出比较科学认识的是 20 世纪 50 年代兴起的实验心理学。实验心理学研究发现，梦的发生与人在睡眠状态下快速动眼和非快速动眼的周期性相关。一般来说，梦发生在快速动眼睡眠阶段，梦的内容也有规律。在第一、第二次眼球快动时，梦大多重演白天的经历。第三、第四次快速动眼时，梦多半是过去的情景再现和体验。第五次快速动眼持续时间最长，过去与最近的事互相交织。人们在睡眠中感觉身体不适或疾病，大多发生在第一、第二次快速动眼时做的梦，而慢性病的感觉可能在第三、第四次快速动眼时做的梦里。

真正的做梦只在人类身上被直接证实发生过，不过很多人相信做梦也会发生在动物身上。动物已经确定会有快速动眼睡眠，然而它们的主体经验却难以确定。平均拥有最长快速动眼睡眠时期的动物是穿山甲。哺乳类动物可能是大自然中最频繁的做梦者，这和它们的睡眠模式有关。

以《梦的解析》为基础的西方心理学，亟须以唯物主义思想为指导，用科学的态度、辩证的方法，来一场革新与发展。近年来，我国富有远见的管理者和学者呼吁并提倡，应该建立起中国的心理学学科体系。

2. 梦与回忆的比对

人在睡眠状态下，可能出现梦。人在清醒状态下，可能有意识地回忆过往的事情，或无意识地、短暂地浮现有过的经历。比对一下梦与回忆，是很有趣的。

梦与回忆的相同点包括：

相同点一，梦中及回忆中的人物、地点、动作，都是当事人（梦者或回忆者）曾经所历所见所闻。

譬如"认错车辆的梦"：超市门口，顺序停放着 3 辆银灰色小车，其中有一辆就是我的。准备开车回家了，我刚按下钥匙解锁键，一名男子从超市出来后，径直走向我的小车，掀开小车后备厢，将大包小包放进后备厢里。我愣了一下，缓过神来后，对这名男子说："这是我的车啊。"男子看了看车牌号，尴尬地笑了笑："不好意思，看错车了。"

在这个梦境中，人物（我、一位男子、小车），地点（超市门口），动作（按下小车钥匙的解锁键、掀开小车后备厢、尴尬地笑），都是梦者曾经所历所见所闻。

譬如"生日小聚的回忆"：包祥和我同一天生日，1987 年 9 月 5 日那天晚上 6 时许，我俩在实习基地旁的一个小餐馆，点了两个菜，其中一个是爆猪肝。两人一人一瓶啤酒，喝着酒，说着话，共同庆祝生日。

在这段回忆中，人物（包祥、我），地点（实习基地旁的小餐馆），动作（喝酒、说话），都是回忆者曾经所历所见所闻。

相同点二，梦境和回忆都有思维性。

譬如"认错车辆的梦"中，"准备开车回家了，我按下钥匙解锁键"，"男子看了看车牌号，尴尬地笑了笑"，属于思维性的表现。

譬如"生日小聚的回忆"中，"我俩点了两个菜，喝着酒，说着话，共同庆祝生日"，是过往思维性的再现。

不同点一，梦者的曾经所历所见所闻中，不仅包括梦者亲自经历、亲眼所见、亲耳所闻，还包括梦者从他人讲述中、从媒体上了解到的经历和见闻。而回忆者的曾经所历所见所闻中，仅仅是回忆者亲自经历、亲眼所见、亲耳所闻的。

譬如"认错车辆的梦"中，既有梦者曾经亲自经历、亲眼所见、亲耳所闻（按下钥匙解锁键等），也有梦者从媒体上了解到的经历和见闻（有人认错车辆，然后尴尬地笑等）。

而"生日小聚的回忆"中，仅仅是回忆者亲自经历、亲眼所见、亲耳所闻（1987年生日那天，回忆者和包祥在一个小餐馆，喝着啤酒，吃着两个菜等）。

不同点二，梦境中有人物、地点、动作，但没有具体的日期，像一部没有朝代的微型小说。而回忆中不仅有人物、地点、动作，还可以有具体的年月日等日期。

譬如"认错车辆的梦"中，有人物、地点、动作，但没有具体的日期。

而"生日小聚的回忆"中，不仅有人物、地点、动作，还有具体的年月日等日期。

不同点三，梦境虽有思维性，但属于片段式的，且思维性较弱，因而显得梦境蹊跷怪异。而回忆时的思维性强，且有连贯性，因而回忆的内容与曾经真实发生的情况基本吻合，回忆的内容显得合情合理。

不同点四，大脑对多数梦境的记忆很浅淡，若梦者不能及时将梦境记录下来，梦境后几个小时，很容易从梦者大脑中抹去，难以被记忆起来。而回忆时大脑处于清醒状态，曾经真实发生的情况可以多次像放映纪录片般被放映，且每次的内容几乎相同。

梦与回忆不相同的原因是，梦境时大脑的神经细胞多数处于静息状态，只有少数神经细胞处于值守状态，因而神经系统功能弱小。而回忆时大脑的神经细胞近乎 100% 处于兴奋状态，因而神经系统功能强大。

二、梦境

人们做过的梦成百上千，多数梦被人们忘记了，少数梦人们依稀还记得。梦的内容就是梦境，梦境像一个故事，有长有短。长的梦境，除了梦者本人，还关联多个人物、多个地点、多个动作。短的梦境，只有简单的人物、地点、动作。

譬如"安全检查的梦"：和文昊一起夜间查房，了解护校实习生宿舍安全情况。在病区，护士站工作台是从高到低的设置。当班护士喊来护士长李铭，李铭介绍说，在护理部主任芳华的安排下，护校实习生分三个地方住宿，一个是院内实习基地宿舍，一个是租用附近快捷酒店，另一个是租用民宿。

在这个梦境中，除了我，关联的人物有文昊、当班护士、护士长李铭、护理部主任芳华，关联的地点有病区、实习基地宿舍、快捷酒店、民宿，关联的动作有夜间查房、喊人、介绍等。

譬如"抢吃腌菜的梦"：家里买回来两大碗腌菜，一碗是萝卜丁，一碗是豆角丁。女儿、女婿、外孙子，还有我和老伴儿，5 个人都更喜欢萝卜丁一些。家里来了一帮亲戚，安排他们午餐后，亲戚们就陆续离开了。到了晚餐时间，外孙子发现原本有满满一大碗的萝卜丁，只剩下一点点了。老伴儿说："亲戚们也喜欢这萝卜丁啊，一顿中餐快将它吃光了。剩下的这点，就留给小朋友（外孙子）哦。"

在这个梦境中，除了我，关联的人物有女儿、女婿、外孙子、老伴儿、一帮亲戚，关联的地点是家里，关联的动作有买菜、安排午餐、说话等。

譬如"被人追杀的梦"：人迹罕至的地方，一男子手持砍刀追杀我，我使出吃奶的力气跑啊跑……

在这个短梦境中，除了我，关联的人物只有一男子，关联的地点是一处人迹罕至的地方，关联的动作是男子追杀、我使劲跑。

三、梦境的元素

灰、沙、水泥、木材、钢筋等构成了人们居住的平房、楼房，人物、地点、动作等组成了一个个或长或短的梦境。

1. 人物、地点、动作

人的大脑中会记住成百上千的事物。既包括男人女人、好人恶人、年轻人年长者这样的人，也包括猫狗鸡鸭、牛羊马驴、毒蛇青蛙等动物，甚至包括桌椅板凳、锅碗瓢盆等这样的物品。这些事物，既有人们亲眼所见的张三李四、动物甲、动物乙、物品 A、物品 B，也有人们从媒体上看见的人和物，有经过他人讲述后生成在大脑中的人和物，譬如披头散发、两眼绿光的女鬼。

人的大脑中也会记住成百上千的地点。既包括人们亲自涉足的，譬如房前屋后、小学中学、菜场超市等，也包括人们从媒体上看见的地点，或经过他人讲述后生成在大脑中的地点，譬如埃及金字塔、法国凯旋门广场等。

人的大脑中还会记住成百上千个动作。既包括人们亲自完成或亲眼所见的，譬如吃饭穿衣、烧火做饭、游戏玩耍等，也包括人们从媒体上看见的动作，譬如武打片中的降龙十八掌，电视连续剧中的晴空霹雳、十字扣球等，或经过他人讲述后生成在大脑中的动作，譬如蛤蟆跳。

这些事物、地点、动作，画面感强烈，容易进入人们大脑的记忆中枢。在睡眠状态下的梦中，虽然人们的神经系统功能弱小，但也能从大脑记忆中枢，将人物、地点、动作抽取并像语句拼凑游戏那样拼凑起来，形成一个个梦境。

2. 难有年月日等时间

人物、地点、动作等画面感强一些，对记忆中枢的冲击力大一些，容易成为梦境的元素。

相比之下，时间点的画面感弱一些，对记忆中枢的冲击力小一些。在某些梦境中可能会有白天或晚上，会有 9 点、10 点等，会有年三十或教师节等。根据笔者对 500 多个梦境的分析，梦境中难有年月日等这样的时间。

譬如"分发红包的梦"：年三十晚上，一家人围坐在客厅看春晚。母亲起身走进卧室，出来后手里拿着 3 个红包，给我们兄妹 3 人一人一个。母亲说："红包里钱不多，每人 100 元，祝愿你们兄妹来年学习圆满顺利。"

在这个梦境中，出现了年三十这样的时间点。

譬如"清明祭扫的梦"：和妹妹一家约好，清明节当天上午 9 点左右，在陵园大门口碰面。上午 9 点半了，还没看见妹妹一家。我正准备掏出手机给妹妹打电话，妹妹一家火急火燎地赶来了。妹妹说："不好意思，扫墓专线太拥堵了，我们等了半个多小时才挤上专线车。"

在这个梦境中，出现了清明节、9 点、9 点半这样的时间点。

白天或晚上，9 点或 10 点等，这样的时间人们每天都会经历。年三十或教师节等，这样的时间人们每年都会遇到（没有年三十的年份，人们会将年二十九视作年三十、除夕）。这些时间点反复刺激人们的大脑。睡眠状态下的梦中，虽然神经系统功能弱小，依然存在可能，从大脑记忆中枢抽提出人们熟悉的时间点。

而某年某月某日，时间长河中只有一次，对人们大脑的刺激有限。在神经系统功能弱小的梦中，神经系统"能简则简"，很难将年月日这样费神费力的记忆，从大脑记忆中枢抽提取出来，构成梦境的元素。

梦境中难有年月日具体时间这种现象，在"一老一小"上也有体现。1 岁左右的婴幼儿慢慢发出"呀呀""妈妈"的声音，2 岁大的幼儿开始有简短语言，3 岁大的幼儿可以慢慢讲述故事，讲述的故事中，可以包含"白天""晚上""新年""端午节"等时间，但很难出现年月日这样的时间。直到 7—10 岁，孩子的讲述或作文中，才渐渐出现年月日这样的时间。

老年人方面，百岁以上老人多数有些糊涂，慢吞吞说出来的几个字还含混不清，像极了 1 岁左右的婴幼儿。90 多岁的老人，有些可以有简短语言，像极了 2 岁左右的幼儿。八十多岁的老人，有些可以慢慢讲述故事，故事中，可能包含"白天""晚上""新年""端午节"等时间，但很难出现年月日这样的时间，像极了 3—6 岁的婴幼儿。

1—6 岁的婴幼儿，神经系统处于发育阶段，功能比较弱小。八九十岁到百岁以上的老人，神经系统处于退行性改变阶段，功能也比较弱小。神经系统功能弱小带来的结果是，幼者和老者的讲述中难有年月日等时间。

四、梦境元素的来源

梦境元素有两个来源，一个是直接的，一个是间接的，这些元素都留存在人们大脑的记忆中枢。这记忆像一个庞大的仓库，有需要时，便从这仓库中抽提出相关内容。

人们亲身经历、亲眼所见、亲耳所闻的人物、地点和动作等，留存在各自大脑的记忆中枢，这是梦境元素的一个来源。

人们通过电影、电视、书刊、网络等媒体，或通过他人的讲述等，间接经历、间接看到、间接听到的人物、地点和动作等，也留存在各自大脑的记忆中枢，这是梦境元素的又一个来源。

睡眠状态下，大脑中多数神经细胞处于静息状态，只有少数神经细胞轮流值守，神经系统功能弱小，大脑记忆中枢中梦者亲身经历、亲眼所见、亲耳所闻的人物、地点和动作等，以及间接经历、间接看到、间接听到的人物、地点和动作等，某些被抽提出来，像语句拼凑游戏那样拼凑在一起，形成了梦境。

五、梦境元素的抽提

睡眠状态下的梦中，从大脑记忆中枢抽提出人物、地点、动作等梦境元素，既有随机性也有关联性，是一种随机中包含着关联的抽提。

这种随机，像语句拼凑游戏，会让梦境蹊跷、怪异，但人们无须过度在意梦境的内容。了解梦的形成机制后，每个人都可以分析自己的梦境。

这种关联，将梦境前梦者清醒状态下所历所见所思所忧与梦境联系起来，我们的先人将此现象称为"日有所思，夜有所梦"。后来扩展到"日有所历，夜有所梦""日有所见，夜有所梦""日有所忧，夜有所梦"等。

这种关联，将梦者的躯体状况、心理状态与梦境联系起来。一段时期，如果一个人梦的频次明显增多，噩梦的占比明显增加，它提示当事人需要适时调整心理状态，及时关注身体状况。从这种关联来看，人们需要关注梦。

人在清醒状态下，近期所历所见所思所忧，在大脑记忆中枢留下的痕迹明显些。所以，对于中年人、青少年，梦境中容易有近期所历所见所思所忧的片段。

　　对于老年人，随着神经系统功能退行性改变，近期所历所见所思所忧在大脑记忆中枢留下的痕迹，不如他们中年、青少年时期所历所见所思所忧在大脑记忆中枢留下的痕迹深刻。对老年人而言，他们的梦境中反倒容易出现他们中年、青少年时期所历所见所思所忧的片段。

　　人们发现，一些老年人刚刚说了的话立马忘记了，刚刚做的事情立马不记得了，刚刚放置的东西立马找不到了。相反的是，说起十几年前、几十年前的事情，不少老人记得很清晰很精准。

第二章
安静的梦与伴有言行的梦

安静的梦是常态，占多数。伴有言行的梦为非常态，占少数。

一、安静的梦

多数人多数时候所做的梦，是安静的梦。这安静的梦安静得旁人无法肉眼识别，需借助睡眠监测仪器或其他手段才能知晓。这安静的梦，安静得连梦者本人多数时候都无从知晓，不知道自己正处于梦中。梦者知晓自己那些安静的梦，只是梦中的一小部分。

处于安静的梦，梦者比他（她）只有睡眠没有梦境时，对触觉、听觉、嗅觉、味觉、视觉等的反应更加迟钝。原因在于，睡眠状态下，一个人的神经系统功能变得弱小，如果有梦境的话，梦境分散了一部分神经系统的注意力，导致神经系统对触觉、听觉、嗅觉、味觉、视觉等的感觉功能进一步弱化。表现为：

1. 需要力度较大或频次较多的拍击，才能拍醒梦者

譬如，某个人只有睡眠时，被 5 千克的力量拍击肩膀 1 次，或 3

千克的力量拍击肩膀 3 次，这个人刚好能从睡眠中醒来。

如果这个人处于睡眠状态下的梦中，5 千克的力量拍击肩膀 1 次，或 3 千克的力量拍击肩膀 3 次，不足以让这个人从睡眠中醒来。需要 7 千克的力量拍击肩膀 1 次，或 5 千克的力量拍击肩膀 3 次后，这个人刚好能醒来。

2. 需要分贝较高或持续时间较长的声音，才能唤醒梦者

譬如，某个人只有睡眠没有梦境时，被 80 分贝声音在耳旁吵闹 1 秒钟，或被 70 分贝声音在耳旁吵闹 3 次，每次 1 秒钟，中间间隔 1 秒钟，这个人刚好能从睡眠中醒来。

如果这个人处于睡眠状态下的梦中，80 分贝声音在耳旁吵闹 1 秒钟，或被 70 分贝声音在耳旁吵闹 3 次，每次 1 秒钟，中间间隔 1 秒钟，不足以让这个人从睡眠中醒来。需要 90 分贝声音在耳旁吵闹 1 秒钟，或被 80 分贝声音在耳旁吵闹 3 次，每次 1 秒钟，中间间隔 1 秒钟，这个人刚好能从睡眠中醒来。

睡眠状态下叠加有梦境，平时能听到的闹铃声，那时很可能听不到了，就是听觉功能进一步弱化的具体表现。

3. 需要浓度较高或持续时间较长的焦煳味，才能熏醒梦者

譬如，某个人只有睡眠没有梦境时，被浓度 10% 的塑胶煳味熏上 1 分钟，或浓度 5% 的塑胶煳味熏上 3 分钟，这个人刚好能从睡眠中醒来。

如果这个人处于睡眠状态下的梦中，被浓度 10% 的塑胶煳味熏上 1 分钟，或浓度 5% 的塑胶煳味熏上 3 分钟，不足以让这个人从睡

眠中醒来。需要被浓度 15% 的塑胶煳味熏上 1 分钟，或浓度 10% 的塑胶糊味熏上 3 分钟，这个人刚好能从睡眠中醒来。

4. 需在舌尖上滴置浓度较高或持续时间较长的苦味液体，才能唤醒梦者

譬如，某个人只有睡眠没有梦境时，在这个人的舌尖上滴置 1 滴本地苦瓜压榨、1∶1 稀释后的汁液，这个人刚好能从睡眠中醒来。

如果这个人处于睡眠状态下的梦中，在这个人的舌尖上滴置 1 滴本地苦瓜压榨、1∶1 稀释后的汁液，不足以让这个人从睡眠中醒来。需要在这个人的舌尖上滴置 1 滴本地苦瓜压榨的原液，这个人刚好能从睡眠中醒来。

5. 需要强度较大的或持续时间较长的光源照射眼皮，才能照醒梦者

譬如，某个人只有睡眠没有梦境时，在 1 米处点亮 100 瓦的白炽灯泡照射这个人的眼皮，这个人刚好能从睡眠中醒来。

如果这个人处于睡眠状态下的梦中，在 1 米处点亮 100 瓦的白炽灯泡照射这个人的眼皮，不足以让这个人从睡眠中醒来。需要在 0.5 米处点亮 100 瓦的白炽灯泡照射这个人的眼皮，这个人刚好能从睡眠中醒来。

除了睡眠监测仪器，通过比较同一个人睡眠状态下对触觉、听觉、嗅觉、味觉、视觉等的反应，也可以判断一个人是否正处于睡眠状态下的梦中。

二、伴有言行的梦

多数时候，人们所做的梦是安静的梦。少数时候，人们做梦时会伴有言行。

1. 伴有言语的梦

梦中伴有言语，就是"说梦话"。一个人几十年中，是有机会见识他人梦中伴有言语的场景的：梦者闭着眼，沉浸在睡眠中和梦中，忽然，梦者嘴巴发出声音，说起话来。

根据临床观察，经常说梦话的人多心火过旺、肝火过热及精神紧张。清热调理后，经常说梦话的情况便会好转。

经常说梦话的人，通过加强锻炼、注意休息、调整节奏，也有助于减少说梦话情况的发生。

说梦话时，如果有旁人问话，说梦话的人可与旁人有问有答。下面分享一个梦中伴有言语，随后被套话的例子。

大二那年的一个周末，午休时间，同寝室的另外 3 位室友还没睡着，晓洲已经率先进入睡眠状态。睡着睡着，晓洲做起梦并说起梦话来。听到晓洲的梦话声，3 位室友知道难得的套话机会来了。

"晓洲，你很优秀的，做功课很努力很棒！"室友说。

"哪里哪里，还有更优秀的。"晓洲闭着眼睛回答。

"你不但功课好，体育成绩也很出色，大家都很佩服你的。"室友说。

"是你们鼓励呢！"晓洲闭着眼睛回答。

"你家境一般，却省下钱来，接济困难同学，你是我们学习的榜样。"室友睁着眼睛说。

"那是我应该做的。"晓洲闭着眼睛回答。

3 次对答下来，晓洲觉得不太对劲，便从梦中醒了过来，室友们正一个个捂着肚子大笑。

2. 伴有动作的梦

睡眠状态下的梦中，梦者躺在床上，闭着眼睛，可能出现握拳、挥拳、蹬腿、吐口水等动作。

譬如"抓住绳索的梦"：行走在山上，突然脚下踩空，我向山下滑去。情急之下，我右手抓住一根灌木枝条，抓得紧紧的，以免身体继续下滑。

在这个梦中，梦者梦到"我右手抓住一根灌木枝条，抓得紧紧的"时，梦者在床上闭着眼睛，右手却出现一个明显的抓握动作。

譬如"遇见歹徒的梦"：下晚自习了，我背着书包，行走在一条小路上，准备回家。突然，一位蒙面人横在小路上，拦在我前面。歹徒找我要钱，我说身上没有。歹徒朝我一拳打过来，我挥拳迎接。

在这个梦中，梦者梦到"歹徒朝我一拳打过来，我挥拳迎接"时，梦者在床上闭着眼睛，出现一个明显的挥拳动作。

譬如"向上爬梯的梦"：家里闯进了一名陌生男子，凶神恶煞的样子，我战战兢兢地问他要干什么。他什么也不说，慢慢朝我走来。我见势不妙，赶快跑向家里的木梯，想爬到楼板上，就可以不惧怕这陌生男子了。我爬木梯，陌生男子也跑过来想爬木梯。看见他的脑袋在我脚下，我双手抓住木梯，用右腿使劲蹬他的脑袋，想把他蹬下去。

在这个梦中，梦者梦到"我双手抓住木梯，用右腿使劲蹬他的脑袋，想把他蹬下去"时，梦者在床上闭着眼睛，同步做出一个使劲蹬腿的动作。

譬如"互吐口水的梦"：课间休息时间，隔壁班的一名男同学拦住我上厕所的路，指责我昨天校运动会接力跑中不该跑那么快，让他们班的接力队只拿了第二名。我回应他说："接力跑是要凭实力的。"指责无效后，他朝我吐了一口口水。我也不甘示弱，使劲回敬了他一口口水。

在这个梦中，梦者梦到"使劲回敬了他一口口水"时，梦者在床上闭着眼睛，同步做出一个吐口水的动作。

绝大多数时候，梦者躺在床上，闭着眼睛，安安静静做梦。只有少数时候，梦者躺在床上，闭着眼睛，一边做梦一边同步做出握拳、挥拳、蹬腿、吐口水等动作。

梦中伴有动作，缘于有一组或几组支配运动的神经细胞处于较高的兴奋状态，可以配合梦境做出小范围的动作。

梦中伴有动作与另一种行为——梦游是不同的，前者当事人处于睡眠状态下的梦中，而后者当事人仅仅处于睡眠状态，但是没有做梦。

梦游，是指睡眠状态下当事人自行下床行动，而后再回到床上继续睡眠的现象。脑波研究表明，梦游时当事人处于睡眠的阶段Ⅲ与阶段Ⅳ，属于沉睡阶段，沉睡阶段是不会做梦的。因比，用"睡中行走"一词替代"梦游"一词，会更准确一些。

梦游时，当事人可以离床做一些简单的事情，譬如在房内来回走动、颠三倒四乱穿衣裤鞋袜、拿着床单被子反复揉搓。当事人也可以离床从事一些较复杂的活动，譬如开门上街，譬如拿取工具、躲避障碍物、打水做饭。不论是做过简单事情还是从事过较复杂行动，醒来后，当事人对自己睡眠期间的离床行为都一无所知。

研究表明，梦游主要是人的大脑皮层活动的结果。大脑神经细胞有值守有静息，大脑神经系统有紧张有松弛，大脑的活动有兴奋有抑制。人在睡眠时，大脑皮质支配运动的神经细胞基本处于抑制状态。如果这时有一组或几组支配运动的神经细胞仍然处于较高的兴奋状态，就可以配合睡眠，做出较大范围的动作，譬如"房内走动""乱穿衣袜""出门上街""打水做饭"等，从而产生梦游。

梦游行动的范围，往往是梦游者平时熟悉的环境及经常做过的动作。

没见过梦游场景的人，误以为梦游者是四处乱撞。事实上，梦游者眼睛是半开或全开着的，他们走路姿势也无怪异，与平时一样。

梦游者不太容易被唤醒，若被唤醒后，梦游者只会对自己的行为迷惑不解而已。对于具有攻击性行为的梦游者，旁人应及时唤醒他们，以消除安全隐患。

梦游者多为儿童，年龄一般在 6—12 岁。梦游算不上严重病态，多数人成年后不医而愈，梦游与大脑神经系统发育不成熟有关。只是，梦游可能会给自己和他人安全带来潜在隐患，所以家长应保障梦游儿童的安全，譬如夜间关锁好门窗等。

极少数成年人也存在梦游情况，这与他们自身精神状态不稳定，或近期压力过大有关。

3. 肇事肇祸精神病人的"梦"

睡眠 + 闭着眼睛 + 梦境，是多数人的做梦状态。

睡眠 + 半开或全开着眼睛 + 行走，是梦游。

似醒似睡 + 睁着眼睛 + 谩骂不休以至于毁物伤人，是肇事肇祸精神病人行为。

肇事肇祸精神病人被收治前，就存在于街头巷尾、村前村后。他（她）睁着眼睛，却对旁人视而不见。他（她）自言自语，喋喋不休。他（她）可能手持棍棒、石块甚至刀具，朝着身边的人或车辆等胡乱打砸。

这类病人生活在他们自己的世界里，觉得自己很正常。在那个世界里，有人在谩骂他们，侮辱他们，准备或正在殴打他们，身旁的汽车等物件行将或正在伤害他们。于是，他们正当防卫，和谩骂他们、侮辱他们的人来一通对骂，或对身旁的人或汽车等物件来一通打砸。

肇事肇祸精神病人刚被收治到精神卫生机构时，都是自言自语，喋喋不休，随时准备攻击身旁的人和物件，以至于一些医务人员被谩骂过、殴打过。

肇事肇祸精神病人，是睁眼做"梦"者。

有人在谩骂他们，侮辱他们，准备或正在殴打他们，身旁的汽车等物件行将或正在伤害他们，这些场景，来源于他们曾经所历所见所闻。既包括他们亲自经历、亲眼所见、亲耳所闻的场景，也包括他们从媒体上了解到的，或从他人讲述中了解到的经历与见闻。这些曾经所历所见所闻，都储存在他们大脑的记忆中枢。当他们处于病态时，这些曾经所历所见所闻中的一部分，就拼凑在一起。从这个角度看，肇事肇祸精神病人的怪异行为与正常人的梦的怪异，有些相似。这相似性，对于进一步探索肇事肇祸精神病人的发病机制，寻找对这类病人更有效的治疗方案，或许有帮助。

第三章

梦境的属性

做梦是一种生理现象，生理现象受控于神经细胞和神经系统，了解神经细胞很有必要。做一次梦就有一个梦境，梦境有着拼凑性、思维性、易忘性、日期缺失性、怪异性和不确定性，这些属性都与神经细胞的活动有关。

一、神经细胞与神经细胞静息

神经细胞主要包括神经元和神经胶质细胞。神经系统的功能依靠一组一组的神经元来完成。

1. 神经元

神经元是一种高度特化的细胞，是神经系统的基本结构和功能单位之一，神经元的主要功能是感受刺激和传导兴奋。

人类中枢神经系统中有约 1000 亿个神经元，仅大脑皮层中就有约 140 亿个。

神经元呈三角形或多角形，分为树突、轴突和胞体 3 个区域。

胞体包括细胞膜、细胞质和细胞核，胞体的大小差异很大，小的直径 5—6μm，大的直径可达 100μm 以上。

树突多呈树状分支，可接受刺激并将冲动传至胞体。轴突呈细索状，末端多有分支，为轴突终末。树突接受到的刺激，转变为冲动传至胞体后，再从胞体传向轴突终末。通常，一个神经元有一至多个树突，但轴突只有一条。神经元胞体越大，轴突就越长。

轴突往往很长，由细胞的轴丘分出，直径均匀，开始的一段没有髓鞘包裹，成为轴突始段。始段细胞膜的电压门控钠通道密度最大，产生动作电位的阈值最低，兴奋性最高，动作电位常常在此处首先产生。始段离开胞体一段距离后开始获得髓鞘，成为神经纤维。

神经纤维对所支配的组织发挥两方面作用。一是借助兴奋冲动传导抵达末梢时，突触前膜释放特殊神经递质，而后作用于突触后膜，改变所支配组织的功能活动，这一作用称为功能性作用。二是末梢经常释放某些物质，持续性调整被支配组织的内在代谢活动，影响被支配组织持久性的结构、生化和生理变化，这一作用称为营养性作用。

按用途，神经元分为输入神经元、传出神经元和连体神经元。

按功能，神经元分为运动神经元、感觉神经元、中间神经元。

神经元的基本功能，是通过接受、整合、传导和输出信息，实现信息交换。神经元是脑的主要成分，神经元群通过各个神经元的信息交换，实现脑的分析功能和样本的交换产出，产出的样本通过联结路径，点亮丘觉产生意识。譬如，在眼的视网膜上，有感光细胞能接受光的刺激，在鼻黏膜上有嗅觉细胞能接受气味的变化，在味蕾中，有能接受化学物质刺激的味觉细胞等，这些细胞都属于神经细胞。

神经元的功能区有：输入（感受）区，整合（触发冲动）区，冲动传导区，输出（分泌）区。轴突末梢的突触小体是信息输出区，神经递质在这里通过胞吐方式得以释放。

神经元之间相互作用方式，一种是突触传递，还有一种是缝隙连接。在高等动物中，大脑皮层的星形细胞、小脑皮层的篮状细胞等都有缝隙连接。当一侧膜去极化，电紧张性作用导致另一侧膜也去极化，缝隙连接也称为电突触。

2. 神经胶质细胞

神经系统中，有数量众多的神经胶质细胞，数量上它们是神经元的几十倍。如：中枢神经系统中的星形胶质细胞、少突胶质细胞、小胶质细胞，周围神经系统中的施万细胞等。神经胶质细胞缺少钠离子通道，因此不能产生动作电位。

神经胶质细胞的主要功能有 7 项：

（1）支持作用。星形胶质细胞的突起交织成网，支持着神经元的胞体和纤维。

（2）绝缘作用。少突胶质细胞和施万细胞分别构成中枢和外周神经纤维的髓鞘，使得神经纤维之间的活动基本互不干扰。

（3）屏障作用。星形胶质细胞的部分突起末端膨大，终止在毛细血管表面，覆盖了毛细血管表面积的约 85%，是血—脑屏障的重要组成部分。

（4）营养作用。星形胶质细胞可以产生神经营养因子，维持神经元的生长、发育、生存。

（5）修复和再生作用。小胶质细胞可转变为巨噬细胞，通过吞噬作用清除那些衰老、疾病原因而变性的神经元以及细胞碎片。星形胶质细胞通过增生繁殖，填补神经元死亡后留下的缺损。假若增生过度，则成为脑瘤发病的原因。

（6）维持神经元周围的钾离子平衡。神经元兴奋时，引起钾离子外流。星形胶质细胞通过细胞膜上的 Na＋－K＋泵，将钾离子泵入细胞内，并经由缝隙连接将钾离子迅速分散到其他较质细胞内，使神经元周围的钾离子不至于过分增多而干扰神经元正常活动。

（7）摄取神经递质。哺乳动物的背根神经节、脊髓及自主神经节的神经胶质细胞，都可以摄取神经递质，维持神经递质浓度。

3. 神经元的兴奋与抑制

神经元有兴奋状态和抑制状态（静息状态）之分。处于兴奋状态的神经元越多，神经系统功能越强大；处于抑制状态的神经元越多，神经系统功能越弱小。

人们白天工作时，多数神经元处于兴奋状态，神经系统保持足够的功能，以满足工作需要。人体晚上休息，或午间小憩时，多数神经元转为抑制状态，神经系统功能弱小，人体对外来的触觉、嗅觉、味觉、视觉等变得迟钝，大脑的意识和思维功能弱小。

有效睡眠时，多数神经元处于静息状态，只有少数神经元处于轮流值守的兴奋状态。时长适宜、质量较高的睡眠，有利于神经元张弛有度，自我保护，自我修复，延长神经元寿命，维持神经元功能。

有效睡眠时，神经元的表现与安营扎寨时士兵的表现很相似：

（1）多数静息，少数兴奋。

（2）轮流值守，轮流兴奋。

（3）一旦感受到刺激（发现了敌情）后，静息状态迅速转为兴奋状态。

即使是睡眠状态，若不是有效睡眠，多数神经元也是得不到有效静息的。

譬如，张先生临睡前喝了不少浓茶，而他自身对浓茶又比较敏感。人虽然躺在床上，看似准备睡眠，看似已经闭着双眼，却在床上难以入睡，脑袋里净想着这事那事。这么一折腾，一晚上七八个小时的睡眠时间已经耗掉了一半甚至多半。第二天上班，精神状态和工作效率可想而知。

譬如，购买彩票10余年，那天李先生终于中了一次千元奖。于是激动不已，兴奋不已。晚上上床了，还要拉着老婆听他讲述购买彩票的一点一滴。老婆听着听着呼呼睡着了，他还在那里闭着眼睛，继续回味他买彩票的事。这么一折腾，一晚上七八个小时的睡眠时间已经耗掉了一半甚至多半。

譬如，50岁那年的某天，王先生接到公示，终于通过了正高级专业技术职称资格评审。晚餐时，邀请几位同事聚餐，喝着酒抽着烟，4人喝掉了3斤白酒，抽完了6包烟。王先生跟跟跄跄回了家，没有洗漱就上了床，口腔里尽是酒味，鼻腔里都是烟味。虽然闭着眼，却满脑子回想着自己20多年来从初级到中级、副高、正高的历程，回想着自己申报课题、撰写论文、资格考试、水平测试的心酸。想着想着，一晚上就这么过去了。

神经元有一定的弹性，具备一定的自我修复功能。偶尔缺乏有效睡眠，不至于对神经元张弛有度的弹性造成深度损伤。

较长时间缺乏有效睡眠的话，神经元得不到有效静息，始终处于较为兴奋状态。原本张弛有度的神经元渐渐变得缺乏弹性，渐渐对刺激不够敏感，兴奋程度不高。该静息时渐渐难以静息，抑制效果不好。表现为，白天似醒似睡，晚上似睡似醒，以至于昼夜颠倒、神情恍惚。

长期缺乏有效睡眠时，神经元的表现与长期疲劳作战的部队士兵的表现也有些相似：需要兴奋时难以兴奋起来，功能弱小，战斗力不强。

长期缺乏有效睡眠后，神经元弹性的恢复需要更多的时间，有的甚至已经造成了难以逆转的损伤。

譬如，蒙受冤屈后长期失眠。李女士是一家单位的会计，单位失窃现金2000多元，李女士被错误认定为作案者，受到除名处理。心情抑郁的李女士，晚上睡眠极差，即使服用安眠药并渐渐加大剂量对睡眠质量也只是略有帮助。白天，李女士脾气暴躁，不喜欢与人交往，不关心家人，无任何爱好，做事有头无尾、效率低下。

譬如，至亲去世后长期失眠。田先生是一家单位保卫部门的工作人员，他的父母、未成年的妹妹都居住在千里之外的乡村。一个风雨交加的夜晚，老家原本就不够坚固的房屋垮塌了，田先生的母亲和妹妹被夺去了生命。田先生不停地自责，觉得是自己没有能力将父母和妹妹接到身边，才导致了悲剧的发生。晚上田先生难以入睡，闭上眼睛后脑子里尽是母亲和小妹的音容笑貌。晚上睡不好，白天工作无精打采，这样的日子持续了3个月左右，直至他主动到专门机构寻求帮助和治疗。

二、梦境的拼凑性

梦境是做梦过程中梦到的内容，一次做梦对应一个梦境。一个人一晚上可以做几次梦，出现几个梦境。世上的人千千万，世上的梦境万万千，梦境内容虽不相同，却有着共同的属性。

梦境不同于回忆。回忆是对既往人物、地点、动作等的回放，具有真实性，而梦境是梦者大脑记忆中曾经所历所见所闻的拼凑，像语句拼凑游戏那样。

1. 梦境可以是梦者曾经亲自经历、亲眼所见、亲耳所闻的，人物、地点、动作的拼凑

譬如"湖中游泳的梦"，我和同伴一起去新疆游玩，看到了美丽的喀纳斯湖。我激动不已，脱下鞋子和外衣外裤，只剩下一条小内裤，就下到湖中游起泳来。

在这个梦境中，场景"我激动不已，脱下鞋子和外衣外裤，只剩下一条小内裤，就下到湖中游起泳来"，是梦者曾经亲自经历过的，在武汉东湖、咸宁蜜泉湖，梦者就是这样下湖游泳的。场景"和同伴一起去新疆游玩，看到了美丽的喀纳斯湖"，也是梦者亲自经历过的，梦者和同伴去过新疆，专门游览了传说中有水怪的喀纳斯湖。只不过，在喀纳斯湖，梦者并没有下湖游泳。

2. 梦境可以是梦者从媒体上了解到的，或从他人讲述中了解到的，人物、地点、动作的拼凑

譬如"女鬼作恶的梦"，晚上，在乡村打谷场上，一个披头散

发、两眼绿光的女鬼向我走来。女鬼伸出带有长长指甲的双手，朝我的双眼抠来。

在这个梦境中，"一个披头散发、两眼绿光的女鬼向我走来。女鬼伸出带有长长指甲的双手，朝向我的双眼抠来"，是梦者从媒体上一部片子中看到的场景，包含了人物——披头散发、两眼绿光的女鬼，动作——伸出双手、朝我眼睛抠来。而"在乡村打谷场上"，则是梦者从媒体上另一部片子中看到的场景，包含了地点——打谷场。不同片子中的人物、地点、动作，拼凑在一起了。

3. 梦境还可以是梦者曾经亲自经历、亲眼所见、亲耳所闻的，与从媒体上了解到的，或从他人讲述中了解到的，人物、地点、动作的拼凑

譬如"见着明星的梦"，参加一个晚会，晚会嘉宾中居然有著名演员奥黛丽·赫本。奥黛丽·赫本成为晚会的中心人物，大家争着与她握手、寒暄。我一个无名之辈，想着不可能引起奥黛丽·赫本的注意，于是静静地站在晚会现场的一角。过了一会儿，奥黛丽·赫本居然朝我这边走来，主动伸出右手，笑着和我握手。

在这个梦境中，场景"主动伸出右手，笑着和我握手"，是梦者曾经亲自经历过的，梦者所在公司老板就主动这样做过。而场景"奥黛丽·赫本成为晚会的中心人物，大家争着与她握手、寒暄"，则是梦者观看奥黛丽·赫本出演的电影《罗马假日》后，从媒体上了解到的。

三、梦境的思维性

做梦时，大脑中多数神经细胞处于静息状态，只有少数神经细胞处于轮流值守的兴奋状态。这些值守状态的神经细胞，就包含与大脑思维功能关联的神经细胞。

所以，做梦时梦者依然具有一定的思维，表现为梦境不但有拼凑性，而且具有一定的思维性。

譬如"见着明星的梦"中，"我一个无名之辈，想着不可能引起奥黛丽·赫本的注意，于是静静地站在晚会现场的一角"便是思维性的表现。

譬如"湖中游泳的梦"中，在下湖游泳前，知道要"脱下鞋子和外衣外裤，只剩下一条小内裤"，也是思维性的表现。

譬如"女鬼作恶的梦"中，"女鬼用带有长长指甲的双手来抠我的双眼"，是思维性的表现。

四、梦境的易忘性

一个人几十年中，做过的梦成百成千，但自己还记得的梦境却不多。一个人经历过的既往场景成百成千，自己几乎都还记得，几乎都能回忆起来。这种反差，让梦境与回忆形成了鲜明对照。

梦境的易忘性有两层含义：

1. 根本就不知道自己做过那么多梦

研究表明，一个人在一晚上的睡眠中，可以多次做梦，出现多个梦境。但梦者对此却并不知晓，醒来后还默默念叨："昨晚我睡得真香。"

可能的原因是，那段时间与大脑记忆功能关联的神经细胞，几乎都静息了，所以无法将梦境刻录在大脑的记忆中。

2. 知道自己刚刚做过梦，但没几个小时就容易忘记梦境

因为做梦而醒来，梦者对刚刚有过的梦境还能比较清晰地记得。如果不采取一些措施，将刚刚有过的梦境定格下来，多数情况下，几个小时后，梦者便难以回忆起那梦境。

可能的原因是，那段时间与大脑记忆功能关联的神经细胞，只有极少数没有静息，只能将梦境弱弱地留存在大脑记忆中。如果没有得到巩固，那弱弱的记忆很容易从大脑中消失。

不想忘记有过的梦境，可以采取的措施至少有两条：一是适时记录下来，哪怕只记录几个关键词。记录可以用纸和笔，也可以用手机上的笔记功能。二是将梦境告知身边的人，妻子、丈夫、父母、孩子、同事、同学等，他们处于清醒状态，可以帮梦者记住梦境。

几小时、几天后，翻看一下梦境记录，或询问曾被告知梦境的身边人，当事人很快就能回忆起那梦境。这样的翻看或询问，少则一次，多则两三次，那梦境就会渐渐留在当事人的记忆中。

弱弱的记忆容易忘却，翻看或询问，就加深了记忆，从此难以忘却。记住梦境需要这样，白天的学习也是如此，唯有反复才能将复杂一些的知识点记住记牢。

只有少数梦境，因为做梦那时那刻，还有一定数量、与大脑记忆功能关联的神经细胞处于轮流值守的兴奋状态，足以保证能将梦境较为清晰地刻录在梦者大脑的记忆中，即使过去了几天几个月，甚至更长时间，梦者仍能记得当时的梦境。

五、梦境的日期缺失性

梦境中会出现人物、地点、动作，甚至有白天、夜晚、清明、中秋等这样的时间，缺失的是具体的年月日这样的日期。

1. 人物、地点、动作，给大脑带来的是视觉冲击，容易被刻录在人们的记忆中

人物方面，明星赫本、戴安娜等的美丽与风采，令人过目难忘。普通人的高矮胖瘦，令人记忆犹新。

地点方面，青海湖、赛里木湖、东湖、西湖等，看一眼就终生难忘。黄山、庐山、华山、衡山等，各具特色，冲击人们的视野。

动作方面，邂逅、漫步、私语、相拥等，令人回味无穷。拳打、脚踢、刀砍、棒击等，让人刻骨铭心。

2. 白天、夜晚、清明、中秋等这样的时间，伴随有相应的画面和场景，一个人一生中会经历多次，反复给大脑带来冲击，较容易留存在人们的记忆中

白天，是光线充足、人们忙忙碌碌等的代名词；

夜晚，是光线昏暗甚至伸手不见五指、月黑风高等的代名词；

清明，是缅怀先人、烧纸焚香等的代名词；

中秋，是一轮圆月、家人团聚、分享月饼等的代名词；

春节，是杀猪宰羊、新衣新鞋、鞭炮烟花等的代名词；

端午，是粽叶飘香、龙舟竞赛、咸蛋皮蛋等的代名词；

……

3. 具体的年月日这样的日期，虽然它可能伴随有相应的画面和场景，但人们一生中最多只经历一次，画面和场景以视觉冲击的方式可以留存在人们记忆中，年月日等日期却在记忆功能弱小的梦里被牺牲掉了、缺失了

譬如，现实中，2008 年 8 月 8 日晚，第二十九届夏季奥林匹克运动会在北京开幕。在那届奥运会中，被寄予厚望的其著名运动员因伤未能完赛，也就谈不上登台领奖了。张三是位体育比赛迷，从头至尾观看了那届奥运会比赛。

多年后，张三的梦境里出现了"某著名运动员因伤未能完赛，也就谈不上登台领奖了"的场景，但没有具体的年月日等日期。

譬如，现实中，某年某月某日，李四的母亲去世了。第三天，家人和亲朋好友为老人送行，大家胸配白花、臂戴黑纱，在哀乐中，缓缓将老人的骨灰送入墓地。

多年后，李四的梦境里出现了"大家胸配白花、臂戴黑纱，在哀乐中，缓缓将老人的骨灰送入墓地"的场景，却没有具体的年月日日期。

4. 梦境里具体的日期的缺失，带来的启示

启示一：视觉冲击，容易被刻录在人们的记忆中。

鲜艳的色彩、夸张的动作、震撼的画面、搞笑的场景等，容易吸引眼球、占据记忆空间。

这就能理解为什么动画片、漫画册能深受青少年乃至婴幼儿的喜爱。

　　这就能理解为什么广告制作那么在意色彩、动作、画面和场景了。

　　启示二：缺乏视觉冲击的内容，如果想留存在记忆中，需要反复刺激记忆中枢。

　　笔画繁多的汉字、一个个的英语单词等，只接触它们一次，是难以留存在记忆中的。唯有反复接触，反复书写，反复诵读，才能记住记牢它们。

　　那些缺乏视觉冲击，却有着较多思维、较多逻辑关系的内容，如果想留存在记忆中，需要多次的诵读与思考，才能刺激记忆中枢，达到记忆效果。

　　譬如，与白话文不一样的古文名篇《岳阳楼记》，通读一遍是难以记忆下来的。如果反复诵读，在诵读过程中加以思考，在思考中找逻辑关系，是可以背诵下来、记忆住的。《岳阳楼记》全文 368 字，共 6 段。文章开头即切入正题，叙述事情的本末缘起；第二段，格调振起、情辞激昂；第三段写览物而悲者；第四段写览物而喜者；第五段是全篇的重心，以"嗟夫"开启，兼有抒情和议论的意味；第六段是文章写就的日期"写于庆历六年九月十五日"。

六、梦境的怪异性

　　梦境是梦者曾经所历所见所闻的拼凑，所历所见所闻既包括亲自经历、亲眼所见、亲耳所闻，还包括从媒体上了解到的、从他人讲述中了解到的经历与见闻。虽然一段场景内存在一定的思维性，但一段段场景拼凑起来的过程中，仍与语句拼凑游戏相似。语句拼凑游戏有多怪异，梦境就有多怪异。

1. 人物的怪异性

现实中，只有公司老板曾经礼贤下士，主动伸出右手，和我握手。梦境中，拼凑成了《罗马假日》的主演奥黛丽·赫本主动伸出右手，和我握手。

现实中，前几天我所在小区一位老人去世了，我的爷爷还健健康康的。梦境中，拼凑成我的爷爷去世了。

现实中，我从未登台领奖、上台发言过。梦境中，拼凑成我登台领奖、上台发言了。

现实中，邻居家的女儿被清华大学录取了，我家三代中，最厉害的一位只是一所二本院校毕业生。梦境中，拼凑成我的孙女被清华大学录取了。

……

2. 地点的怪异性

现实中，我去过的最高级洗手间，是一家三星级宾馆的洗手间。梦境中，拼凑成我去了迪拜帆船酒店高档洗手间。

现实中，我去过的最远地方，是我所在的县城。梦境中，拼凑成我去了国际大都市上海。

现实中，我的现金和银行卡都放置在床头柜里。梦境中，拼凑成我把现金和银行卡藏在家里柴火房里。

现实中，我的孩子是在老家房子里出生的，乡村接生婆帮的忙。

梦境中，拼凑成我的孩子是在省城大医院产房里出生的，还是某著名产科大夫帮忙接生的。

......

3. 动作的怪异性

现实中，我只打过乒乓球，还是小时候和同村小伙伴一起。梦境中，拼凑成我和法国的普拉蒂尼、英国的贝克汉姆、阿根廷的马拉多纳，在绿茵场上同场竞技，我还踢进了一球。

现实中，我的一笔字像鸡爪，从没有在公开场合表演写过毛笔字。梦境中，拼凑成我在某书画展开幕式上，挥毫泼墨，引来阵阵掌声。

现实中，我胆小如鼠，杀鸡杀鸭的事情都不曾干过。梦境中，拼凑成我右手握住一把尖刀，左手和身体按住牛头，朝向公牛心脏部位一刀下去，一两分钟后，一头近千公斤重的公牛就被我屠宰了。

现实中，我只在小时候玩过木制玩具手枪，真正的手枪未曾摸过。梦境中，拼凑成我拿着一把五四式手枪，朝着前方50米处的标靶射击，5发子弹都打中了靶心。

......

除此之外，还会有人物、地点、动作中某两项甚至三项的怪异性。

七、梦境的不确定性

梦境的不确定性包括两个方面，一方面是指每个人都无法确定随后出现的睡眠中一定做梦或不做梦；另一方面是指每个人都无法确定在随后出现的睡眠中一定会出现预期的梦境。

1. 不确定是否有梦

心事重重、睡眠较差等情况下，睡眠中出现梦境的概率要大一些。疲劳工作、哈欠连连等情况下，睡眠中出现梦境的概率小一些。以上只是相对的，即使是疲劳工作、哈欠连连后，睡眠中仍然可能出现梦境。

没有人能确定随后出现的睡眠中，一定不会做梦。同样，也没有人能确定随后出现的睡眠中，一定要做梦。

2. 不确定是何种梦

人们可以确定什么时候回忆，以及回忆的内容，譬如午休前开始回忆，回忆高三那年同学们挑灯夜战、复习备考的场景，譬如晚上入睡前开始回忆，回忆与伴侣从相识、相知到相濡以沫的场景等。但没有人能确定在自己想要的时间段内一定能做梦，并且出现想要的梦境。

譬如，张三无法确定今天午休期间一定能做梦，并且梦中与高中老同学相聚在一起。

譬如，李四无法确定今晚睡眠期间一定能做梦，并且梦中能到豪华自助餐厅享用一顿。

譬如，王五无法确定明早起床前一定能做梦，并且梦中能见到自己的偶像球星。

第四章
梦境的作用

　　从约 300 万年前的早期猿人，进化到 300 万年至 30 万年前的晚期猿人，30 万年至 5 万年前的早期智人（古人），5 万年前的晚期智人（新人），到现代人，人类的进化经历了漫长的过程。在进化过程中，人体器官用进废退，能适应环境和自身需求的生理现象获得性遗传。

　　用进废退，典型的是尾巴。猿有尾巴，现代人没有。尾巴对于猿来讲，好处是攀爬树木、树枝间跳跃时，帮助保持身体平衡。从树上下来，开始直立行走后，尾巴的平衡功能就失去了意义，尾巴渐渐退化，慢慢就消失了，解剖学上人仅仅存有尾椎骨。

　　做梦是人与生俱来的生理现象，是获得性遗传的结果。它表明，人们做梦及由此而来的梦境，具有适应环境、适应自身需求的积极作用。

　　梦境的作用包括：显示作用，宣泄作用，解压作用，满足作用，新奇作用，调和作用。

一、状态的显示作用

清醒状态下，人与人的克制能力差异很大，有人眉飞色舞、溢于言表，有人深藏不露、处事不惊。睡眠状态下的梦境中，每个人都不设防，每个人都回到真实的自己。因此，梦境能一定程度上反映梦者的躯体状况和心理状态，起到指示作用。

1. 眉飞色舞、溢于言表的人

这样的人"闻乐起舞""疼痛就哭"。躯体状况良好时会开开心心、高高兴兴，躯体状况不怎么好时就面无表情、萎靡不振，牙疼、头痛、结石疼时，会叫喊会哭泣。

譬如，躯体状况良好时，这样的人利用假期，约上几位玩伴儿，乘机外出旅游。旅游途中，餐厅响起了小约翰·施特劳斯的《蓝色多瑙河圆舞曲》或瓦尔德退费尔的《溜冰圆舞曲》等背景音乐时，通晓华尔兹舞步的他（她）很可能放下碗筷，即使没有舞伴，仍情不自禁地跳起舞来。

譬如，这样的人躯体状态不怎么好时，有同事过来商量工作上的事宜，他（她）可能面无表情、爱搭不理。

这样的人"有话就说""我随心动"。心理状态良好、情绪高涨时，爱说爱笑爱打闹。心理状态不好、情绪低落时，站在一边、坐在一角，不言不语的。

譬如，儿子收到了研究生录取通知书，这样的人像打了鸡血般亢奋，见人就拉着说上半个钟头，广而告之自己的儿子即将攻读研究生学位的喜事。

譬如，手头股票市值下跌了近 10%，这样的人心情会很郁闷，第二天上班像只蔫鸡，无精打采的，坐在一角，不言不语。他们白天是喜怒哀乐溢于言表。晚上的梦境里，场景也顺应着相应的躯体状况和心理状态。躯体状况和心理状态良好时，这样的人做的梦多是开心快乐内容的梦，最不济也是平平淡淡的梦。躯体状况、心理状态不好时，做的梦多是郁闷、紧张内容的梦。

譬如，白天公司发放了年终绩效，这样的人心情倍好。晚上梦境里，可能就有带上好友，去酒吧喝酒嗨歌的场景，或是去品牌店拎回一两件时装的场景。

譬如，白天和同事闹了不愉快，这样的人很郁闷。晚上梦境里，可能出现和人斗嘴，甚至就地打滚、拉扯头发的场景。

2. 深藏不露、处事不惊的人

这样的人具有很强的自我克制能力。躯体状况、心理状态良好时，保持微笑。躯体状况、心理状态不好时，能够克制不适、忍受痛苦，"心像黄连脸在笑"。

譬如，躯体状况良好时，即使是在公司球赛中拿了第一名，这样的人也不会趾高气扬、盛气凌人，依然是一种平和的心态，一张和往常一样微笑的脸。

譬如，牙疼、头痛、结石疼，躯体状况不好时，这样的人能够克制痛苦，即便是额头直冒虚汗，脸上依然可以有微微的笑容。

譬如，儿子高考失利，这样的人难免着急。心里着急，外表上却很平静，依旧是标志性的微笑。

白天清醒状态下，这样的人可以自我克制，喜怒哀乐不形于色。晚上睡眠状态下，梦境却难以设防，会较为真实地反映这样的人的躯体状况和心理状态。

譬如，最近一段时期持续牙疼。这样的人的梦境里，很可能出现与同事沟通时不耐烦、易动怒的场景。

譬如，刚刚过去的夏季，儿子高考失利。这样的人的梦境里，很可能出现晋级、晋升受阻的场景。

二、情绪的宣泄作用

中医学认为，人有七情五志。七情是指喜、怒、忧、思、悲、恐、惊7种情志活动，是人体生理和精神活动对内外环境变化产生的情志反应。五志是指喜、怒、思、悲、恐，是中医五行学说的组成部分。根据五行学说，五志与五脏存在对应关系，心志为喜，肝志为怒，脾志为思，肺志为悲，肾志为恐。

人体是一个极其复杂的机体，正常的精神活动，有益于身心健康。异常的精神活动，可使情绪失控而导致神经系统功能失调，引起体内阴阳紊乱，从而百病丛生、早衰甚至短寿。

过喜伤心。喜可使气血流通、肌肉放松，易于消除身体疲劳。但欢喜太过，则损伤心气。如《淮南子·原道训》曰："大喜坠慢。"阳损使心气动，心气动则精神散而邪气极，从而出现心悸、失眠、健忘、阿尔茨海默病等。《儒林外史》中，描写范进老年中举，由于悲喜交集，忽发狂疾的故事，是典型的过喜伤心病例。

过怒伤肝。怒则气上，伤及肝而出现闷闷不乐、烦躁易怒、头昏目眩等，是诱发高血压、冠心病、胃溃疡等疾病的一个重要原因。

过思伤脾。中医认为，思则气结。由于思虑过度，使神经系统功能失调，消化液分泌减少，出现食欲不振、纳呆食少、形容憔悴、气短、神疲力乏、郁闷不舒等。

过悲伤肺。悲是与肺有密切关联的情志。人在极度悲伤时，可伤及肺，出现干咳、气短、咯血、喑哑及呼吸频率改变、呼吸功能受损。《红楼梦》中多愁善感、悲伤身亡的林黛玉，就是一个例证。

过恐伤肾。惊恐可干扰神经系统，出现耳鸣、耳聋、头晕、阳痿，并可置人于死地。老百姓常说吓死人，就是因为"恐则气下"。

综合来看，中医学认为，人们要适度控制好五志，管理好情绪，尽量避免大喜、大怒、大思、大悲、大恐，以免给躯体和精神带来损伤。

长辈对晚辈的教育中，传递着"处事不惊""不喜形于色""不轻易动怒""面不改色心不跳"的为人之道。

一个人步入成年，走向社会后，会逐渐感觉到大喜、大怒、大思、大悲、大恐不利于自己在社会上生存与发展。大喜的话，容易被认为为人轻浮，不知天高地厚；大怒的话，容易被认为心胸狭隘，受不了丁点儿委屈；大思的话，容易被认为是一根筋，爱钻牛角尖；大悲的话，容易被认为不坚强，遇事想不开；大恐的话，容易被认为胆小如鼠，针眼儿大的事都不敢担当。

中医强调"不过"，也注重不要"不及"，讲求的是适度。现实生活中，人们多注重了"不过"，不过度喜、不过度怒、不过度思、不过度悲、不过度恐，却往往忽视了"不及"，喜怒思悲恐受到抑制，情绪难有宣泄途径。

人们白天受到抑制的喜怒思悲恐，白天难以宣泄的情绪，在梦境中找到了通道，梦境成为人们情绪宣泄的一种途径。

譬如"青海湖畔的梦"，作为高三毕业生的张三，梦见自己去了青海湖。在一望无际的湖畔，自己将风筝放飞得高高的，右手抓住风筝线，尽情地呼喊，尽情地奔跑。

现实中，梦境前一天，张三接到了某著名大学的录取通知书，专业是自己第一志愿填报的。张三内心虽然很激动，很喜悦，白天在同学、家人、邻居等面前，却显得低调，内心的激动和喜悦受到抑制。在这个梦境中，张三白天被抑制的喜悦得到释放，喜悦的情绪被宣泄出来。

譬如"使劲踹腿的梦"，李四经过一个村庄，一只狗蹿了出来，奔向李四，准备撕咬李四。李四抬起右腿，在狗子即将接近身体时，使出浑身力气踹向狗子。狗子被踹出几米远，嗷嗷直叫，逃走了。

现实中，梦境当天上午，李四在街头被一名莽撞的骑行者从背后撞了一下，跌倒在路旁。那位骑行者不但不下车搀扶、赔礼道歉，还恶狠狠地责怪李四不好好走路，然后扬长而去。躺在路旁的李四饱受痛苦，真想爬起来，撵上去踹那人一脚。可惜，李四当时爬不起来。晚上的梦境里，出现了李四使劲踹腿的场景，李四白天未曾宣泄的情绪，在晚上的梦境里得到了宣泄。

譬如"初稿丢失的梦"，深夜，左邻右舍都进入了梦乡，王五还在撰写博士论文，初稿已经有5万多字。一个错误操作，初稿不见了，急得王五额头直冒汗。半个多小时过去，仍然无法找回初稿。三个多月的心血就这样没了，王五瘫坐在电脑前，抑制不住痛苦和悲伤，鼻涕眼泪一起流，低声哭泣起来。

现实中，该梦境前一天，王五刚为病逝的母亲办理完后事。那三天，王五克制内心的悲痛，注销户口、看墓地、送上山，没有时间悲伤，没有时间流泪。办完老人后事，停歇下来，王五才感受到母亲永远离开了。于是，晚上的梦境里王五鼻涕眼泪一起流，悲痛的情绪得以宣泄。

譬如"悬崖边上的梦"，刘六和同伴在山上采摘野果，脚下一滑，即将向悬崖下方坠落。双手抓住悬崖边一棵小树，暂时止住了坠落。朝下一看，是几十米的深坑。想往上攀爬，力气又不够，内心极度恐惧，刘六大呼大叫起来。

现实中，该梦境前一天，刘六带着女儿准备过马路时，一辆小车丝毫没有减速，反倒提高速度，紧贴着刘六的女儿呼啸而过。小车过去了，刘六看了看女儿，后怕了好一阵子，又不好当着女儿的面说出这种后怕。于是，第二天的梦境里，就有了刘六极度恐惧、大呼大叫的场景，刘六的恐惧情绪得以宣泄。

人们的情绪，以适度的方式宣泄，有助于人们的精神和心理健康。为此，国内外一些精神卫生机构专门设立了宣泄室。在那里，人们通过拳打脚踢，通过大呼大叫，来宣泄自己压抑的情绪。宣泄过后，人们的情绪渐渐趋于平稳。

三、压力的减轻作用

现代社会中，人们面对诸多压力，有工作的压力、学习的压力、生活的压力等。压力的存在，给人们带来了不同程度的精神和心理紧张，让一些人出现了这样那样的不适症状。

不适症状之痛经。研究发现，发生痛经的概率，压力大的女性比一般女性高出两倍。

不适症状之面部痤疮。研究发现，压力增加的话，引起体内激素分泌不平衡，导致面部容易出现痤疮。

不适症状之牙龈出血。有研究表明，压力大的人患牙周病的概率比普通人大。

不适症状之口腔疼痛。有研究表明，压力加大会加重一部分人睡眠时的磨牙症状，出现口腔上颚部疼痛症状。

不适症状之肚子疼。研究发现，压力大的人比身心放松的人，发生肚子疼的概率要高出 3 倍。

不适症状之皮肤瘙痒。一项基于 2000 多人的研究表明，身体长期出现瘙痒症状的人，压力过大的概率比正常人高出两倍。

不适症状之过敏加重。研究发现，过敏患者面临大的压力后，其过敏症状会更加严重。

面对工作、学习、生活带来的精神紧张和心理压力，人体具有一定的自动解压机制和功能，梦境解压就是其中一种。

白天，人们可能顾及这、考虑那，千斤重担肩上扛，压力只能自己默默承担。在梦中，人们该撂摊子就撂摊子，放飞自我，活出真实的自己。梦中挥拳、踢腿、争辩、对骂等，能够让紧绷的神经、紧张的肌肉，得以舒缓。

譬如"挥拳还击的梦"，张三驾驶小车，行驶在大马路上。遇到红灯，后面的车辆来不及刹车，追尾张三的小车了。后面车辆的司机从车上下来，不仅没有道歉，反而走到张三面前，伸手指向张三鼻子，责备张三不该急刹车。张三心里挺窝火的，挥拳打掉了对方伸过来的那只手。

现实中，该梦境前 3 天，张三的妻子驾驶小车，行驶在大马路上，张三坐在副驾驶位置上。一辆狂飙的越野车，追尾他们家小车了。越野车司机从车上下来，不仅没有道歉，反而走到张三妻子面前，伸手指向张三妻子鼻子，责备张三妻子车速不够快。张三心里挺窝火的，拳头攥得紧紧的，准备挥拳打掉对方伸过来的那只手。想了想，张三还是忍住了。

现实中，张三忍受了那种紧张与压力，梦境中张三却通过挥拳还击，将那种紧张与压力进行了解压。

譬如"街头对骂的梦"，李四从菜市场出来，行走在人行道上。无意间，与一名中年妇女发生了小碰小擦。李四赶紧点头赔礼，那位中年妇女却不依不饶，对李四破口大骂，骂的内容不堪入耳。李四想了想，对付不讲道理的人只能用不讲道理的办法，于是与那名妇女对骂起来。李四的骂声盖过了那名妇女，那名妇女灰溜溜走了。

现实中，该梦境前一天，李四出差返回，在长途汽车站出口，拖着拉杆箱的李四无意间与一名中年妇女发生了小碰小擦。李四赶紧点头赔礼，那名中年妇女却不依不饶，对李四破口大骂，骂的内容不堪入耳，一下子把李四给骂蒙了，李四顿感脑袋被绷得紧紧的。

现实中，李四承受着被大骂后的紧张，梦境中李四通过与人对骂，将那种紧张进行了解压。

除了梦境等方式的自动解压，人们还可以主动解压，助力自我的身心健康。

——主动解压方式之运动。运动可以让身体产生腓肽效应，能娱悦神经。腓肽是身体的一种激素，被称作"快乐因子"。腓肽效应让人感到高兴和满足，甚至可以把压力和不愉快带走。所以运动是一个很好的缓解压力、让人保持平和心态的方法。

先参加一些缓和的、运动量小的运动，使心情平静下来，再逐渐过渡到运动量大的运动。这需要循序渐进，一步一步来。

如果压力来源于工作与学习，那么可以参加一些集体运动，如篮球、排球等，在这些运动过程中，可以体会到合作的愉快。

如经常在室内运动的人，到户外去爬山，到小树林里去跑步，会感到轻松与愉快。在安静的地方，闭目养神几分钟，做几次深呼吸，可以收到放松、减压效果。

——主动解压方式之冥想。通过冥想，想象你所喜爱的地方，如大海、高山等，减轻压力，放松大脑。把思绪集中在对想象物的"看、闻、听"上，让自己进入想象之中，如同自己置身大海之中、高山之上，享受着那份心灵上的放松。

——主动解压方式之按摩。身体上的紧张与压抑，会导致心理上的紧张与压抑。心理压力过大时，可以试着做一做按摩。身体通过按摩放松后，心理压力会减轻，心理也会随着身体一起放松。

——主动解压方式之饮食。饮食解压也是一个不错的选择，不少人心理压力大时，会通过饮食来调整。譬如吃菠萝，菠萝中含有丰富的维生素 B、维生素 C，它们具有消除疲劳、释放压力的功效。除此之外，菠萝中还含有酵素成分，它能帮助蛋白质进行充分的消化与分解，减轻胃肠负担。譬如嗑瓜子，瓜子具有很好的消除疲劳的作用，这是由于瓜子中含有丰富的不饱和脂肪酸、维生素等营养物质。特别是其中的锌，能安抚情绪、消除疲劳。嗑瓜子能放松大脑，让人从不良情绪与心理压力中摆脱出来。

四、需求的满足作用

遗精梦是男人的性需求在现实中得不到满足，转而在梦境中的释放。男人有遗精梦，女人有春梦。男人女人在梦境中释放荷尔蒙，有助于身心健康。

除了性需求，还有呼吸、水、食物、睡眠、生理平衡、分泌等，都是人们生理上的需求，是最基本的需求。

按照马斯洛需求层次理论，人们的需求像阶梯一样，从低到高分为 5 种：生理需求，安全需求，社交需求，尊重需求，自我实现需求。

（1）生理上的需求。生理需求是推动人们行动的首要动力，呼吸、水、食物、睡眠、生理平衡、分泌等任何一项得不到满足，人们的生理机能就无法正常运转。

相比而言，生理需求中的性需求，没有呼吸、水、食物、睡眠、生理平衡、分泌等那么必需。没有性伙伴，一些人会通过手淫的方式解决性需求。即使没有手淫行为，"满则溢"的结果是，人们会通过遗精梦、春梦的途径，让性需求得以释放。

（2）安全上的需求。包括：人身安全，健康保障，资源所有性，财产所有性，道德保障，工作职位保障，家庭安全等。

马斯洛认为，人们存在着追求安全的机制，人的感受器官、效应器官等是寻求安全的工具。甚至可以把科学的人生观，都看作满足安全需要的一部分。

——人身安全方面。居住在墙体结实、门窗一应俱全的房子里，就不用担心风吹雨打，不用担心歹徒翻窗越户，也不用担心野兽攻击。生活在邻里守望、相互帮衬的社区，就不用担心歹徒敢轻易闯入、为非作歹。

相反，一个人颠沛流离、风餐露宿，人身安全难有保障。如果周围充斥着鸡鸣狗盗、杀人越货之徒，明天和意外都不知道哪一个先来。

——健康保障方面。社会为公众织密了预防保健网络，建立起全覆盖的基本医疗保障体系，人们就告别了"看病难、看病贵"的困境，和"因贫致病、因病返贫"的循环，做到人人享有健康保障。

相反，置身于高致死病毒猖獗的地区，又缺乏基本的预防措施和治疗条件，生命随时可能终止。生活在人迹罕至的深山老林，小病靠扛、大病靠熬、重病等死，健康没有任何保障。

——资源所有性方面。水资源丰富，人们可以开展水产养殖、水上运动及娱乐项目。水质良好，达到一类水质标准，只需过滤净化、消毒处理，就可以生活饮用，人们可以生产瓶装水、桶装水，给当地居民带来稳定的收入。地下矿藏（石油、煤炭、矿石）丰富，有序开采，逐步推进，可以带动大量人员就业，为成千上万家庭提供收入保障。

相反，"巧妇难为无米之炊"，生活在水资源缺乏，没有石油、煤炭、矿石等资源的不毛之地，种地没收成，开矿没地藏，招商没人来，人们不知道怎样做，才能换取生活必需品。

——财产所有性方面。"盛世古董，乱世黄金"，拥有一两处房产，手头有一些现金，遇到临时性失业，或天灾人祸，人们可以启动现金储备，或变卖房产，帮助渡过难关。

相反，"上无片瓦，下无立锥之地"，没有房产，没有什么积蓄，今天就可能挨饿。家庭财产寥寥无几，一旦遇到天灾人祸，明天就可能会忍饥挨饿、流落街头。

——道德保障方面。人们普遍诚信友善、重义轻利，大家就会"一方有难八方支援""黄发垂髫并怡然自乐"，安居又乐业。

相反，人们较普遍地缺乏诚信，交易成本就会大大提高，生意极其难做。人们较普遍地自私自利，"小钱面前不要脸，大钱面前不要命"，安居无从谈起，乐业是天方夜谭。

——工作职位保障方面。如果企业、公司多数能够稳定发展，百年企业、百年公司比比皆是，社会上新的企业、新的公司不断出现，有职位的人能安心工作，临时失业的人也能够很快找到新的职位。

相反，如果企业、公司很容易倒闭，而社会新增就业机会又稀少，有职位的人不知道明天还有没有职位，没职位的人不知猴年马月才能找到一个职位。

——家庭安全方面。如果夫妻彼此忠诚，合力经营家庭，孩子身心健康，乐于接受新知识新技能，这样的家庭会是"芝麻开花节节高"，日子一天天向好。

相反，如果夫妻离心离德、同床异梦，孩子或是身体残疾或是心理障碍，这样的家庭就难以看到希望。

（3）社交的需求。包括友情、爱情、性亲密等。人们都希望得到关心和照顾，让情感有寄托，让心灵有归属。

——友情上的需求。人是群居动物，群居可以增加安全性，生产和生活中产生规模效应。群居过程中，有那么三五个好友，彼此推心置腹、互诉衷肠,分享着彼此的快乐,承担着彼此的忧伤,人们会感到友情的美好,感受到工作和生活的快乐。

相反,孤家寡人一个,没有一个可以交心谈心的朋友,有喜悦时没有朋友来分享,有困难和悲伤时没有朋友来帮忙和分担,这样的人生就会有些缺憾甚至凄惨。

——爱情上的需求。爱情是人们生活中美好而复杂的情感体验,包括浓烈的情感、强烈的吸引力、深厚的感情联系等。爱情可以是令人兴奋、令人陶醉的,也可以是令人痛苦、令人失望的。拥有美好爱情的人,面带微笑,肤色红润,身心愉悦。看天空,天空是蓝色的;看大地,大地是五彩缤纷的;喝水,水是甜甜的;呼吸,空气是清新的;看周围人,周围人是善良可爱的;做事情,事情是值得全力以赴去完成的。

相反,从未体验过美好爱情的人,表情容易呆滞,肤色不够有光泽,身心容易疲惫。看天空,总觉得不那么湛蓝。看大地,会觉得生机不够盎然。喝水,水中有杂质。呼吸,空气里有灰尘。看周围人,不知道是善是恶。做事情,提不起十足的精气神。

——性亲密上的需求。性亲密是指异性间一切近距离的接触,譬如牵手、拥抱、爱抚、接吻、发生关系。夫妻间、男女朋友间的性亲密受到道德的保护,非夫妻、非男女朋友的性亲密是不道德的,甚至触犯了法律,可能受到法律制裁。至于异性间礼节性的握手、拥抱,不应当视作性亲密。

健康的成年男女,都存在性亲密需求。研究发现,每天保持牵手、拥抱、爱抚、接吻,定期有性生活的夫妻,不仅皮肤有光泽、面色红润,而且充满微笑、心情愉悦。

相反,那些处于冷暴力中的夫妻,几乎没有性生活,更不会有浪漫的牵手、拥抱、爱抚、接吻等。被冷暴力的一方,往往铁青着脸,郁郁寡欢,容易出现身体上的这毛病那疼痛。

(4)尊重的需求。包括:自我尊重,信心,成就,对他人尊重,被他人尊重。

人们都希望有稳定的社会地位,希望个人能力和成就得到社会承认。尊重的需求分为内部尊重和外部尊重。内部尊重就是人的自尊,是指一个人希望在不同情况下有实力、能胜任、独立自主、充满信心。外部尊重是指一个人希望有地位、有威信,能受到别人的尊重、信赖、充分认可和高度评价。内外尊重的结果是,能使人对自己充满信心,对社会充满热情,体验到自己的用处和价值。

——自我尊重的需求。有能力、有实力,一个人才有底气和自信,会相信明天更美好。能力包括能说、能写、能干等实际能力和学历学位等纸面能力,拥有实际能力中的某一项就可以谋生,譬如,能说的人适合于对外公关,能写的人适合于办公室做文案,能干的人适合于解决现场问题。能说能写能干的,近乎是全才,可以成为一个团队的领导。

实力是能力的结果,一般以净资产的多少、社会地位的高低等来衡量。某些财富排行榜存在误区,它们以所谓的个人资产,而不是以个人净资产进行排序,譬如,十年前的某某上榜富豪,爆雷后,人们才发现,所谓的上榜富豪其实早已资不抵债,是负豪而不是富豪。

相反,缺乏能力、没有实力的人,日复一日地生活着,看不到什么希望,人生没有多少奔头。他们往往将对生活状况的改变,寄托在子女身上。一旦子女和自己一样，也缺乏能力、没有实力的话，一个不经意的事情，就可能引发他们对生活的绝望，导致他们走极端、干蠢事。

——被人尊重的需求。胸怀家国、情系苍生，颇具地位、很有威信的人，是少数。锱铢必较、偷鸡摸狗，遭人骂、惹人恨的人，也是少数。

多数人是有着一颗善良的心，又有着那么一点利己主义的人，某些节点上，多数人很可能"善恶一念间"。旁人鼓励、大家信任的话，他们向着善的方向发展；旁人误解、恶语相加的话，他们恶从胆边生，做出一些难以想象的坏事来。

人既需要衣食住行等里子，也需要被认可、受尊重等面子。如果一个人能得到周围人的充分认可和高度评价，他（她）会更加自律，更多地为周围人做好事、作奉献。

相反，如果一个人得不到周围人的认可与好评，甚至为周围人所不齿，这个人很可能破罐子破摔，做出一些坏事，滋生一些恶事来。

（5）自我实现的需求。包括道德、创造力、自觉性、问题解决能力、公正度等。自我实现的需求是最高层次的需求，是指实现个人理想与抱负，最大限度发挥个人能力，达到自我实现境界的人，接受自己也接受他人，解决问题能力增强，自觉性提高，善于独立处事，要求不受打扰地独处，完成与自己的能力相称的一切事情的需求。

——最大限度追求道德的境界。真正有道德的人，他（她）所做的都是严格符合道德意义的行为，是以贡献为目的，是"予"。

相反，缺乏道德、看重功利的人，是以占有为目的，是"取"。

——最大限度追求创造力的境界。创造是把以前没有的事物给产生出来或者造出来，是一种典型的人类自主行为。创造力既体现在自然科学上，也体现在人文科学上。可以是自然科学领域新的理论、新的模型，也可以是技术上新的发明和革新，还可以是人文科学领域新的创造。创造应该以适应自然为前提，以人与自然和谐为基础，让人类生活得更美好为目的。譬如，质能联系方程问世后，人们从技术层面突破了核裂变、核聚变的瓶颈，和平利用核能发电缓解了用电紧张。

相反，那些破坏自然、让人类濒临灭亡的创造，应该受到唾弃和制止。譬如，个别国家将核聚变技术应用于军事领域，制造成千上万的核弹头，动辄挥舞起"核大棒"，对弱小国家进行威胁，这种创造与应用应该受到世界上爱好和平的国家和人民的制止。

——最大限度追求自觉的境界。自觉是指内在自我发现、外在创新的自我解放意识，是一个哲学上反思的过程，是思想意识的进一步提升。

人是动物，又有别于其他动物。作为动物性，人容易出现惰性，喜欢安逸，不愿折腾，喜欢躺平，不愿费神。人不同于其他动物，人能够不断提升修养，通过自律、自省，继承和发扬优秀文化与价值观，抵制和摒弃不健康习俗与思想，自觉成为有益于他人、有益于社会的人。譬如，自觉做到重义轻利，自觉做到控制欲望，自觉做到助人为乐，自觉做到团队至上。

生活中，少数人动物性十足，素质的修养明显不够，不自省更不愿意自律。工作上得过且过，生活中难以控制欲望，自私自利，唯我独尊。

以上 5 个层次的需求，现实中有反映，人们的梦境中也有出现。梦境中出现需求，是现实中需求的反映与满足。现实中某些求而不得的，在梦境中得到了。

譬如"大筐土豆的梦"，希望工程工作人员来学校做活动，对有需求的学生和家庭提供必要的帮扶。那天，一辆货车停在我家房前，师傅们从车上抬下两大筐土豆，放进我家厨房。晚上，我们家做了两大碗焖土豆，每个人都吃得饱饱的，开心极了。

现实中，梦者家里劳动力少，生活比较清苦，吃不饱饭是常有的事。梦者特馋那软糯香甜的土豆，想着有一天能美美地、饱饱地吃一顿土豆。于是，该梦境里就有了"大筐土豆""大碗焖土豆"的场景。

现实中，梦者想美美地、饱饱地吃一顿土豆的生理需求，在梦境中得到了满足。

譬如"分得套间的梦"，爸爸下班回家，手里拿着一把钥匙，笑着对我和妈妈说："我们家分到一套 50 多平方米的房子了，可以搬进楼房了。"我和妈妈跟在爸爸身后，走了一段路，爬了几层楼。爸爸用钥匙开门，两室一厅的布局映入眼帘，虽然只是二手房，但门窗真结实，地面真平整，厨房真实用。

现实中，该梦境的梦者一家三口居住在一间 20 多平方米的平房内，厨房和厕所在房内的两个角落。房内地面凹凸不平，门窗开关起来"吱吱"作响。雨水季节，外面下大雨，房内墙面就渗水。大风的日子，房顶像随时可能被掀走一样。梦者一家，一直幻想着有一天能搬进那"风雨不动安如山"的楼房。于是，该梦境里就有了

"楼房""门窗真结实，地面真平整，厨房真实用"的场景。

现实中，梦者想搬进楼房套间的安全需求，在梦境中得到了满足。

譬如"浪漫爱情的梦"，旅行途中，相遇了一位美丽大方、温柔贤惠的女子，我们决定一起前往青岛。在青岛海边，在栈桥上，我们手牵手、肩并肩，一起看日出日落，一起捡拾退潮后留在海滩上的小贝壳。讲过去，谈未来，说现实，话理想，我们竟然有那么多共同的话题。

现实中，该梦境的梦者木讷、内向，下班后就宅在家里，同学、同事中没有什么可以交心谈心的朋友，30多岁的人了，还是单身状态。看似寡言少语的他，内心还是渴望有一位"美丽大方、温柔贤惠""有共同话题"的女友。于是梦境里，就有了与女友"手牵手、肩并肩""讲过去，谈未来，说现实，话理想"的场景。

现实中，梦者社交的需求，在梦境中得到了满足。

譬如"台上 C 位的梦"，一个千余人的会场，我被安排在主席台的 C 位。主持人向到会人员一一介绍主席台成员，首先被介绍的是我，介绍完后，会场响起了雷鸣般的掌声。会议的最后环节，是由我讲话。我从古到今，从理论到现实，妙语连珠，侃侃而谈。台下的人员都聚精会神，仔细听，认真记。

现实中，该梦境的梦者是很平凡的一个人，学生时代没担任过班干部，工作后一直在小组长领导下干活，不曾有过登台发言的机会。一直被领导、受冷落的梦者，内心渴望获得成功，受人尊重。于是，梦境里就有了"雷鸣般的掌声""妙语连珠、侃侃而谈"的场景。

现实中梦者希望被尊重的需求，在梦境中得到了满足。

譬如"创造发明的梦"，一间硕大的工厂车间，是我的工作室。里面有十几台数控机床，一台航吊车和不少原料。车间配置了四电源系统，有主供、备供、发电机和 UPS（不间断电源），确保 24 小时电力保障。为了将我满脑子的创造发明点子尽快变成现实，我吃住都在车间。在我的努力下，婴儿小便监测仪、阿尔茨海默病患者语音交流机、下肢瘫痪病人智能假肢等创造发明相继问世。

现实中，该梦境的梦者日复一日干着重复性的工作，工作中和工作之余虽有一些发明想法，但未能付诸实施。于是，梦境里就有了"工作室""创造发明点子"等场景。

现实中梦者希望自我实现的需求，在梦境中得到了满足。

五、场景的新奇作用

梦者曾经所历所见所闻拼凑后，导致梦里面的场景多蹊跷怪异。从梦中醒来后，面对这蹊跷怪异的场景，呵呵一笑、乐观看待的话，可以给人们平淡的生活带来一点新奇感，积极利用、主动思维的话，可以激发人们的灵感，产生某些创造性思维。

1. 梦中场景的新奇感

人的一生中，要面对太多的相同、太多的重复。

——成长中的重复。幼儿园 3 年，每天 7 点 45 分左右到校，下午 5 点半左右离校。小学 6 年，每天 7 点半左右到校，下午 5 点左右离校，晚上 9 点左右完成家庭作业。初中、高中 6 年，每天早餐不是包子馒头，就是面窝油条。进工厂后，每天 7 点 50 分左右到岗，下午 5 点半后离岗，一干可能就是三四十年。

——视觉中的重复。早上睁开双眼，看到的是居住了几十年的老房子。走进车间大门，看见的是熟悉得不能再熟悉的机床。下班回到家里，看见的是妻儿，是年迈的父母。

——听觉中的重复。上下班路上，站在地铁里，听到的是"嗡嗡嗡"的呼啸声。车间干活，听到的是"嘭嘭嘭"的机床声。回到家里，厨房中听到的是"嚓嚓嚓"的锅铲翻炒声。

——嗅觉中的重复。上下班路上，闻到的是略带灰尘的空气味道。生产车间，闻到的是弥散在空气中的机油与粉尘混合味。回家后，闻到的是厨房里的油烟味。

——味觉中的重复。每天喝着几大杯不甜也不涩的凉白开，吃着不辣也不咸的家常菜。

——触觉中的重复。上下班路上，手里拎着一两斤重的简易袋子，里面装着午餐盒，哪一天手里没这种拎东西的感觉还有点不习惯。下班回家做饭，家里的铁锅铁铲使用了几年，换个铁锅的话，刚开始的那几天还要有个熟悉过程。

以乐观的心态去品鉴，人生中又有很多不同。

——成长中的不同。从小学一年级到六年级，重复的是每天早上背起书包去学校，晚上回家灯下做作业。不同的是，个子一年年长高，食量一年年变大，会写的字越来越多，会做的算术题越来越复杂……

工厂上班后，重复的是进车间穿上劳保服，离开车间前换下劳保服。不同的是，去年还只会钳工、铣工、油漆工活儿，今年学会了钣金工、电焊工活儿，前年还只是中级工，今年已是高级工……

——视觉中的不同。从早上睁开双眼，去车间上班，再回到家中，视觉中每天重复的是家里几十年的老房子、车间里的机床、家里的妻儿老小。不同的是，前几天自己动手、改善环境，家里老房子的内墙已粉刷一新，白白净净的，车间里这个月新添置了一台数控机床，加工出来的零件更精准，质量更稳定，家里老父亲病后渐渐康复，脸上有了些许红润……

——听觉中的不同。从早上睁开双眼，去车间上班，再回到家中，听觉中每天重复的是"嗡嗡嗡"的地铁呼啸声，"嘭嘭嘭"的机床声和"嚓嚓嚓"的锅铲翻炒声。不同的是，更换了部分老旧地铁车厢后，新的地铁车厢运行中"嗡嗡嗡"声音降低了不少，车间里新增的数控机床比老式机床发出的"嘭嘭嘭"噪声小了很多，家里厨房的"嚓嚓嚓"声随着锅铲翻炒的轻重缓急，有着不同的节律……

——嗅觉中的不同。雨过天晴的日子，上下班路上，空气中少了灰尘的味道，鼻子轻轻一吸，多了一分清新的感觉。生产车间，空气中虽是机油与粉尘的混合味，但配比上每天存在差异，昨天可能是机油味稍重一点，今天可能是粉尘味浓烈一些。家里厨房的油烟味也不尽相同，煎鱼煎肉时，油烟味多一点，煲汤熬粥时油烟味就清淡了许多……

——味觉中的不同。牛饮般地补充凉白开，凉白开既不甜也不涩。慢饮细品，凉白开中似有丝丝甜味。细嚼慢咽，那不辣也不咸的家常菜中便有了食材的天然味道，譬如春笋的清香，茄子的绵软，豆角的甘甜……

——触觉中的不同。上班路上，午餐盒里有饭菜，放置在简易袋子里，拎起来手感要重一点。下班路上，午餐盒空空如也，简易袋子拎起来就轻了些许。下班回家做饭，炒菜时得抢抓火候，锅铲快速翻炒，手臂会有酸胀感。熬粥煲汤，美味交给时间，很少用到锅铲勺子，手臂会轻松很多……

清醒状态下用心去品鉴，能够发现生活中的不同。睡眠状态下，梦中场景能将梦者带入与现实不一样的虚拟世界。在虚拟世界，一切似乎都可能发生。

譬如"偶像球星的梦"，一位喜欢观看足球比赛的男士，梦境中来到了欧洲足球赛场的看台上，看到自己的偶像球星贝克汉姆后场45度精准长传，带领球队迅速从防守转为进攻。看到贝克汉姆主罚任意球，皮球越过人墙，划出一道美丽弧线后飞进对方球门。赢得比赛胜利后，贝克汉姆走近看台，向球迷挥手致意，还和梦者在内的几位球迷握了握手。

现实情况是，这位男士从未出国过，更没有机会来到欧洲足球比赛现场欣赏贝克汉姆的球技。这位男士是通过电视转播，欣赏到贝克汉姆那精准的45度长传和颇具功力的任意球破门。

但在梦境这个虚拟世界里，这位男子去欧洲观看了比赛，还有幸与贝克汉姆握手。

譬如"布达拉宫的梦"，一位热爱民族建筑的女士，梦境中来到了著名的布达拉宫。先是在宫殿外用手机来了几张自拍照，然后跟随导游拾阶而上，进入殿内一间房一间房地参观。壁画和唐卡琳琅满目、美不胜收，门厅、大小殿堂、回廊、墙面等都有。很多房间，都点亮着酥油灯。

现实情况是，这位女士还没有到过西藏拉萨，她是从纪实片中欣赏到布达拉宫美丽壮观的外观内景的。

但在梦境这个虚拟世界里，这位女士来到了她魂牵梦萦的布达拉宫，在殿外留下了自拍照，在殿内看到了众多的壁画、唐卡，还有盏盏酥油灯。

譬如"博士学位的梦"，一位喜欢历史学的高中女生，梦境中被授予了历史学博士学位，戴上了红色的博士帽。在大学学术报告厅，伴随着音乐声，她和其他十几位同学头戴博士帽，身披学位袍和披肩，列队上台。校长为同学们颁发博士学位证书，将同学们的流苏从帽子右边拨到左边。

现实情况是，这位女生高中尚未毕业，她是从媒本上了解到博士学位授予流程的。

但在梦境这个虚拟世界里，这位女生被授予了历史学博士学位，戴上了红色的博士帽。

譬如"歌星演唱的梦"，一位喜欢哼歌的初中男生，梦境中来到了一个可以容纳几万名观众的体育中心。在体育中心的中央，搭起了演出台，灯光将演出台照得通亮。刘欢和莎拉·布莱曼登上了演出台，观众报以雷鸣般的掌声。这两位歌坛巨星联袂演唱了《我和你》，演唱过程中，几万名观众鸦雀无声，静静欣赏。演唱结束，观众报以更热烈的掌声。

现实情况是，这位男生还没有机会现场聆听刘欢和莎拉·布莱曼的演唱，他是通过手机播放，反复观看和聆听了两位歌坛巨星在2008年北京夏季奥运会开幕式上联袂演唱的《我和你》。

但在梦境这个虚拟世界里，这位男生走进了体育中心，现场聆听了两位歌坛巨星的联袂演唱。

譬如"T台走秀的梦",一位喜欢自己动手编织毛衣、围巾的大婶,梦境中走上了T台。聚光灯下,她和几位同样爱好编织的女性,穿上自己编织的毛衣、裙子,披上自己编织的围巾,在T台上有模有样走起了猫步。观众席上,人们用相机对着走秀者"咔嚓咔嚓"地拍照。

现实情况是,这位大婶已经开始发福,身材有些偏胖,从未去过T台秀现场,更没有登台走过猫步。她是从电视上看到时装表演的场景,看到人们是如何在T台上走猫步的。

但在梦境这个虚拟世界里,这位大婶走上了T台,向大家展示了自己编织的毛衣、裙子和围巾。

在梦境这样的虚拟世界,现实中没有的,虚拟世界出现了;现实中不可能的,虚拟世界发生了。梦境拓展了人们的生活,让人们既有现实世界,还有虚拟世界;既有现实生活的平平淡淡,还有虚拟世界的天马行空与诸多新奇体验。

2. 梦中场景的创造性

"有心栽花花不开,无心插柳柳成荫""踏破铁鞋无觅处,得来全不费工夫"。对某些新奇的梦中场景,人们主动思考、积极利用的话,可以激发灵感,诱导创造性思维。创造性思维,又可以助推现实世界中产品的开发、思路的开阔、新模型的落地等。

(1)产品的开发

——儿童玩具的开发。儿童处于大脑发育阶段,视觉上对运动的、夸张的、新奇的、搞笑的人和物更加敏感。梦境是梦者所历所见所闻的拼凑，拼凑后的结果多蹊跷、怪异，甚至十分搞笑。为此，一些从事儿童玩具开发的人，能从拼凑中找到灵感，设计出一些受到儿童欢迎的玩具。

小黄人的例子。2010 年动画电影《神奶爸爸》首映后，其中的角色小黄人开始走红。2012 年开始，小黄人毛绒玩具成为国内玩具的一个热点。不仅儿童喜欢小黄人，18—20 岁的大学生也喜欢小黄人。国内一些采供血机构将小黄人毛绒玩具作为纪念品，赠送给无偿献血的爱心人士，小黄人毛绒玩具一度被一些志愿者称为无偿献血"招募神器"。

小黄人的身形是黄色胶囊状，穿着蓝色背带装。眼睛呈单只或双只，戴潜水镜。发型有 5 种：刺头、塌塌的小中分、冲天一小撮、光头以及小平头。

胶囊身形、背带着装、潜水眼镜、刺头或光头发型等，这些原本不可能同时出现在同一个物件上的元素，经过拼凑后，它们同时出现了。不仅出现了，而且有着色泽鲜艳、造型夸张、外形搞笑的整体效果。这样的效果，必然会受到儿童和童心未泯的"大儿童"们的欢迎。

——仿生产品的开发。有的梦境中，梦者像蝙蝠一样四肢张开，在天空中翱翔。有的梦境中，梦者穿着荷叶般的衣服，在雨中行走而不被淋湿。有的梦境中，梦者变成了一只山羊，侧身睡在沙滩上，醒来后站起来，沙滩上留下了曲面形状……

有人从这些稀奇古怪的梦境中，以及生活中观察到的生物现象中，找到了一些灵感，于是开发出和准备开发出一些仿生产品，如翼装、防水衣、曲面床等。

翼装的例子。翼装飞行是飞行者穿着一种特制的飞行服——翼装，用身体进行无动力空中飞行的运动。翼装飞行运动属于自由降落运动，包括高空翼装飞行和低空翼装飞行。飞行者腾空之后，张开手脚便能展开翼膜，当空气进入一个个鳍状气囊时，就会充气使服装成翼状，从而产生浮力。这样就能在空中飞行，然后通过移动自己的身体来控制飞行的高低和方向。翼装飞行和滑雪、攀岩、帆板、冲浪、高山探险运动等一起被归入极限运动，是技术难度高、挑战性大的体育运动项目之一。

翼装飞行离不开翼装。翼装是由韧性和张力极强的尼龙材料制成的冲压式膨胀气囊，在双腿、双臂和躯干间缝制有大片结实、收缩自如、类似蝙蝠飞翼的翅膀。翼装，是人们从梦境、从现实观察中，灵感受到激发，创新创造的结果。

防水衣的例子。传统的防水衣，使用的是一些高分子聚合物材料，这样的材料将织物纤维的间隙完全封闭。较之于棉麻丝绸衣服，高分子聚合物材料做成的衣服确实能起到防水效果，但失去了透气性，人体的汗气不能被排出。

有人从头顶荷叶、躲避雨水的梦境中，从观察到荷叶具有防水防油的生活经验中，受到了启发，在纳米技术、纳米材料的支持下，研发出具有荷叶般防水防油特性，又具有织物柔韧性的纺织材料，做成既防水又透气的新一代防水衣。

新一代防水衣的研发路径是，通过对纺织品、皮革的每根细小的纤维进行人工修饰，利用纳米界面材料的疏水、疏油的特性，阻断了毛细作用。这时由于液体的表面张力使滴落下的水和油形成一个个小球无法渗透进织物里面，只能在织物表面滚动，同时将原来落在织物表面的灰尘裹挟起来，滑落到地上。因此，衣物不但不会被污染，还可以自我清洁。织物、皮革的纤维之间依然保持原有的间隙，所以原有的透气性、手感、柔软度等固有特征没有改变，人体的汗气依然可以被顺畅排出，成功地解决了防水与透气、防水又防油这些看似相互矛盾的难题。

曲面床的例子。传统的床铺是平整的，人们睡觉时，虽然有枕头加持，仍感觉到颈部是空落落、缺乏支撑的，腰部也是空落落、缺乏支撑的。不得已，有人睡觉时专门准备颈托、腰垫，来解决颈部和腰部的不适。

有人从"自己变成了一只山羊，侧身睡在沙滩上，醒来后站起来，沙滩上留下了曲面形状"的梦境中，从观察到人体在沙坑里平躺或侧卧后留下曲面形状的生活经验中，受到启发，尝试制作曲面床。曲面床不是完全平整的，为了契合人体形状，它在人体颈部和腰部对应处，有一定的凸起，对颈部和腰部起到良好的支撑作用，既可以减少颈椎病、腰椎病的发生，又让人们在睡眠中更舒适。当然，每个人的身高、胖瘦情况不完全一样，曲面床的颈部和腰部凸起处，需要灵活调整位置和凸起高度。

（2）思路的开阔

导弹的例子。传统的炮弹轨迹，是一条运行在大气层中的抛物线，炮弹一旦出膛，就不会变换轨迹了。早期的导弹，只有一个弹头，运行在大气层中，中途可受控变轨。

有矛就有盾，人们针对传统炮弹和早期导弹的运行规律，研制出可以拦截炮弹和早期导弹的防御系统。

盾牌出现了，人们继续想办法，研制更锋利的矛。人们从"掏出手枪，扣动扳机，一颗子弹出膛后，变成了六七颗小的子弹，让前面的敌人藏无可藏"等类似梦境中，以及"山中猎人端起鸟铳，瞄准野兔，扣动扳机，几十颗小小弹丸迅速扑向野兔，野兔在劫难逃了"等生活常识中，找到灵感，想出办法，于是研制出多弹头导弹。多弹头导弹，是在单弹头导弹基础上演化而来的新型导弹，装有两个或两个以上弹头的导弹弹头。按弹头有无制导装置，分为集束式多弹头、分导式多弹头、全导式多弹头和机动式多弹头。多弹头可提高弹头的突防能力和摧毁目标的能力。

还有，人们从"地面起飞，穿越大气层后进入太空，然后掉转方向，又从太空重返大气层，向地面目标开火"等类似梦境中，以及"用瓦片或薄石片在水面上打漂漂"等生活常识中，找到灵感，想出办法，研制能在大气层—太空—大气层穿越的弹道导弹。这类导弹通过助推和滑翔结合，让导弹拥有了更快的速度和捉摸不定的轨迹，具备强大的破坏能力和灵活性，让反导变得更加困难。

以上两类导弹，都能够实现"让矛变得更锋利"的目的。

当然，面对"更锋利的矛"，人们也会继续开阔思路，想方设法找到"更坚固的盾"。

（3）新的建筑模型

譬如荷花式建筑模型，人们从"走进一朵硕大的荷花里，里面可以听音乐、看演出，还有展览、购物等诸多服务设施"等梦境中，以及"荷花里包裹着花蕊和莲蓬雏形"的自然现象中，找到灵感，设计出外形像一朵硕大荷花的建筑模型来。这样的模型，在水岸边变成实体建筑后，便能够成为地标建筑和一道亮丽的风景线。

譬如榴莲式建筑模型，人们从"变成了一个小矮人，和其他小矮人一起，在一个很大很大的榴莲壳里，聚精会神听报告"等梦境中，以及生长在东南亚等热带地区的榴莲中，找到灵感，设计出外形像榴莲的建筑模型。这样的模型，在东南亚地区变成实体建筑后，很快就成为地标建筑和亮丽的风景线。

譬如大板凳建筑模型，人们从"回到了儿时，和一帮小朋友在一把很高很大的板凳的座板下面，躲猫猫、跳橡皮筋"等梦境中，以及与八仙桌配套的大板凳这样的生活物件中，找到灵感、受到启发，设计出外形像大板凳的建筑模型来。这样的模型，在有着数百上千年历史的地方变成实体建筑后，也能成为地标性建筑。

譬如眼球式建筑模型，人们从"和几十位同事一起，被吸入一个庞大的形如眼球的物体里，在那里，我们两三个人一间办公室，做着各自的工作"等梦境中，以及眼球里有着几十间办公室和数百位工作人员这样的科幻场景中，找到灵感，设计出外形像一只大眼球的建筑模型。这样的模型，在城市里变成实体建筑或大型游乐设施后，往往被冠以"城市之眼"的美名，成为地标性建筑。

六、生活的调和作用

人生在世平均就那么七八十年时间，能超过百年的少之又少。在这七八十年中，特别顺利的年份屈指可数。而一年 365 天中，特别开心的日子只有那么几天，难受难熬的日子多于开心快乐的日子，剩下的日子就是平平淡淡的时光。

与此对应的，一个人几十年中，会有成百成千的梦。这众多的梦中，桃花梦、官运梦、财运梦这样的开心梦屈指可数，远少于噩梦、担忧梦等胆战心惊的梦。众多的梦中，占据多数的是平平淡淡的梦。

平平淡淡的梦中，人物是身边左右的，地点是日常所见的，动作是司空见惯的，人物、地点、动作都是平淡的，都是梦者曾经所历所见所闻的。但这些平淡的人物、地点、动作在梦中拼凑后，就让看似清汤寡水的平淡梦，有了几分滑稽搞笑，甚至是十分的滑稽搞笑。梦者醒来后，回忆刚刚过去的梦境，心中小有愉悦，并为之一笑，对梦者平平淡淡的生活起到调和作用。

譬如"搀扶前行的梦"，梦者所在公司组织员工去湖边绿道健身走路，走着走着，张姐不小心崴脚了。公司小帅哥小林和我赶过来，搀扶着张姐，一同走向活动终点。

现实情况是，梦境前几天，梦者所在公司的李先生上班过程中崴脚了，公司小帅哥小林和梦者一起搀扶着伤者，前往医院检查受伤情况。

现实中崴脚了的李先生，在梦境中拼凑成张姐了。现实中在公司崴脚了，梦境中拼凑成在湖边绿道崴脚了。梦者醒来后，回忆起刚才的梦境，想一想曾经所历所见所闻，于是一笑了之。

譬如"坡地种菜的梦"，公路旁边有块荒芜着的坡地，我觉得有些可惜和浪费，于是找来锄头和铁锹，干起开荒的活儿来。开荒后，找来了蚕豆、辣椒、豆角种子，将种子撒在土里，浇上点水。半个月后，种子渐渐发芽了。

现实情况是，梦境前几天，梦者乘车经过一段公路，公路旁的一片坡地荒芜着。梦者的母亲生活在乡村，三天两头在自家自留地旁边开荒种菜。

现实中，是梦者的母亲在自家自留地旁开荒种菜，在梦境中拼凑成梦者在公路旁的坡地上开荒种菜了。

譬如"优秀员工的梦"，公司礼堂召开上年度优秀员工表彰会，我们部门的小杜、小赵都登上了光荣榜。主持人宣读完光荣榜后，小杜、小赵走上主席台，从领导手中接过荣誉证书，并和公司领导合影。

现实情况是，梦境前一周，梦者所在公司召开销售能手表彰会，部门的小李、小王登上了光荣榜。小杜、小赵是梦者的大学同学，不是梦者的公司同事。

现实中，梦者的公司同事小李、小王登上了公司销售能手光荣榜，在梦境中拼凑成梦者的大学同学小杜、小赵登上了公司优秀员工光荣榜了。

第五章

梦境与环境

环境对梦境的影响，表现为两个作用及两个作用的力量比拼。

一个作用是映照，指某种程度上，现实中是什么，梦里是什么；另一个作用是反向，指某种程度上，现实中缺什么，梦里有什么。

关于映照作用的例子。梦境中，张先生家将私房隔断成一个个小间，出租给在校外租房的高中生和陪读的家长。现实中，在一所高中附近，张先生家有一幢5层楼的私房。张先生家将私房隔成一个个小间的梦境，与张先生家有5层楼私房的现实环境，保持了一致。

关于反向作用的例子。梦境中，李先生一家三代6口人，搬进了三室一厅两卫一厨的电梯房内。李先生的父母住一间，李先生和妻子住一间，两个小孩住一间。两个小孩的房内是一张高低床，一上一下，两个孩子特开心。现实中，李先生一家三代6口人还居住在老旧小区的两居室内。李先生一家搬进了三室一厅电梯房的梦境，与李先生一家居住在老旧小区的两居室内的现实环境，构成了反向，形成了反差。李先生渴望改善居住条件的想法，在梦境中得以完成，有心理学者将此表述为"欲望实现"。

不同环境下，两种作用力量的比拼结果也不一样。

（1）顺风顺水环境下。梦境中可能存在映照作用，反映出梦者相对优渥的生活环境。也可能存在反向作用，梦境中梦者的生活环境变得糟糕变得不堪。两种作用比拼上，映照作用大于反向作用。

（2）平淡无奇环境下。梦境中可能存在映照作用，反映出梦者平淡的生活环境。也可能存在反向作用，梦境中梦者的生活环境变得糟糕变得不堪，或变得优渥起来。两种作用力量比拼上，映照作用与反向作用旗鼓相当，没有明显差异。

（3）生活艰苦环境下。梦境中可能存在映照作用，反映出梦者艰苦的生活环境。也可能存在反向作用，生活在底层环境中的人们，他们渴望改善生活环境，这种欲望在梦境中可能得以实现，梦境中梦者的生活环境变得优渥起来。两种作用力量比拼上，映照作用要大于反向作用。

一、顺风顺水的环境

顺风顺水环境下，梦境要么开心愉悦，要么平平淡淡。这种环境下，也可能出现噩梦，但出现噩梦的概率较低。

譬如"竞聘教授的梦"，张先生所在的教研室，这次有张先生和另外两名副教授参与教授职称竞聘。年龄上，另外两名副教授比张先生年长，任职副教授年限上，那两位老师也长于张先生。几天后，结果出来了，只有张先生竞聘成功。

现实中，梦境前一个月，张先生所在教研室的室主任年满退休，张先生和另外两名老师报名，参与继任教研室主任选拔。三人都是副教授职称，年龄上，另外两名副教授比张先生年长，任职副教授年限上，那两位老师也长于张先生。一周后，结果出来了，张先生被选拔为继任教研室主任。

梦境前一段时间，梦者张先生顺风顺水，副教授职称取得两年后，所在教研室室主任退休，35 岁的张先生又被选拔为继任教研室主任。"竞聘教授的梦"，是张先生现实中顺风顺水环境映照的结果，是张先生所历所见所闻拼凑后的一个开心愉悦的梦。

譬如"穿错上衣的梦"，早上起床，刘女士迅速穿好衣服，刷牙洗脸，简单收拾后就出门上班。来到公司，走进办公室，开始打扫清洁。同一个办公室的杨女士赶来上班了，看了刘女士一下，觉得有点奇怪，她再看了看刘女士，笑着对刘女士说：你的上衣是不是穿反了啊？刘女士低头一看，确实穿反了，将衣服背后那面穿到前面了，刘女士也忍不住笑了。

现实中，梦境前一天是周末，刘女士和先生带上公公婆婆，自驾前往郊区踏青散心。早上走得有点仓促，等到了郊区景点后，刘女士才发现自己两只袜子不是同一双的，自己觉得有点搞笑。好在颜色相差不大，又有裤腿和鞋子遮掩，也就不至于太尴尬。

梦境前半年，梦者刘女士顺风顺水，自家先生被提拔为公司部门经理，家庭收入有了明显增长，女儿中考取得了不错的成绩，考入省级示范中学。"穿错上衣的梦"，虽平平淡淡，却也是刘女士顺风顺水环境中所历所见所闻拼凑后的结果。

譬如"掉进水井的梦"，晓彬和五六位大学同学一起去郊游，路过一个村庄，大家口渴了，看见水塘边有口水井，正好可以解决口渴问题。晓彬走向水井，小心翼翼踩在石板上，拿出水瓶，准备灌满井水。忽然脚下一滑，晓彬跌落到水井中，不会游泳的晓彬"扑通扑通"挣扎着，同学们见状，跑过来救援。他们在水井边伸出手来，晓彬却怎么也够不着，只能一点点往水下沉。

现实中，梦境前一天，晓彬临睡前刷手机短视频，浏览到了一条小孩不慎跌落到水井里的消息，于是梦境里就有了掉进水井的场景。

梦境前一段时期，梦者晓彬生活顺风顺水，自己的大学学业比较顺利、成绩优秀，家里爸妈身体健康、事业小成。"掉进水井的梦"，是晓彬顺风顺水环境中所历所见所闻拼凑后的一个噩梦。

二、平淡无奇的环境

平淡无奇环境下，梦境多平平淡淡，也可能出现开心愉悦的梦，或是噩梦、担忧梦。

譬如"认错路人的梦"，阿玲在大街上走着走着，看见前面有个人的背影很像高中同学小芳。阿玲加快脚步，终于追赶上前面那个女孩了，定睛一看，女孩不是高中同学小芳，阿玲颇有些尴尬。

现实中，梦境前3天，在菜市场，阿玲错把一位老奶奶看成自己的奶奶了，当时阿玲有些不好意思。于是，梦境里就有了阿玲认错人的场景。

梦境前一段时期，梦者阿玲的生活平淡无奇，没有什么大喜大欢，也没有什么大的挫折。"认错路人的梦"，是阿玲平淡无奇环境中所历所见所闻拼凑后的一个平平淡淡的梦。

譬如"捡拾硬币的梦"，上小学的小兵，放学后，和几名同学走进供销社，看看玻璃柜台里面的宝塔糖、京果酥糖，还有背心、塑料鞋等。供销社里都是些好东西，可惜小兵和同学们手里没有钱，只能一饱眼福。忽然间，眼尖的小兵在地上发现了一枚硬币。小兵慢慢弯下腰，捡拾起硬币，一看，是 5 分的，小兵心里可高兴了。想着"或许是供销社不小心落下的"，小兵随即将硬币交到了营业员手中。

现实中，梦境前一天，上小学的小兵在放学路上，捡拾到一条三四斤重的喜头鱼，回家做了碗喜头鱼汤，晚上家里人喝着鱼汤，心里美滋滋的。于是，小兵的梦境里就有了捡拾到东西的场景。

梦境前一段时间，梦者小兵的生活平淡无奇，日复一日地上学，日复一日地利用早晚时间帮家里干活。"捡拾硬币的梦"，是小兵平淡无奇环境中所历所见所闻拼凑后的一个开心愉悦的梦。

譬如"女鬼追赶的梦"，进入初三年级了，上完晚自习后，已是晚上 8 点多钟，小娟约上几位女同学，摸黑往家走。走着走着，一个披头散发、两眼绿光、有长长指甲的女鬼挡住了小娟的去路。小娟不理睬女鬼，绕开女鬼后，小跑起来，试图摆脱女鬼。小娟跑，女鬼在后面追，小娟只能使出吃奶的劲快跑，后面的女鬼也使劲追赶着。

现实中，梦境前一周，小娟路过村子里一户人家时，那家的狗蹿了出来，对着小娟狂吠。小娟不理睬那条狗，继续走路。小娟走，那条狗跟在小娟后面走，小娟小跑，那条狗也小跑，把小娟急得够呛。于是，小娟的梦境里就有了被追赶的场景。

梦境前一段时间，梦者小娟的生活平淡无奇，日复一日地上学，日复一日地上课听讲，或完成大大小小的考试。"女鬼追赶的梦"，是小娟平淡无奇环境中所历所见所闻拼凑后的一个噩梦。

三、生活艰苦的环境

生活艰苦环境下，梦境多平平淡淡，有时会出现噩梦、担忧梦。也可能出现开心愉悦的梦，但出现开心愉悦梦的概率较低。

譬如"穿错木屐的梦"，雨雪天，小宁和小伙伴们一起去乡村小学上学。小伙伴们穿上棉鞋，然后将双脚放进木屐里，走起路来"咯嗒咯嗒"地响。教室门口，大家脱下木屐，走进教室。放学后，慌里慌张的，小宁穿上木屐就朝家里走。回家后，母亲看了看小宁的脚下，说道："你穿错木屐了，这是别的同学的木屐。"小宁眼睛向下一看，还真的穿错了呢。

现实中，梦境前一天，小宁放学回家后发现，自己拿回来的小学语文课本是同桌的，自己的那本语文课本被同桌带回家了。于是，小宁的梦境里就有了拿错东西的场景。

梦境前那段时间，梦者小宁家生活过得比较艰苦，母亲体弱多病，父亲在田间劳作，家里有 3 个不满 10 岁的小孩。"穿错木屐的梦"，是小宁艰苦生活环境中所历所见所闻拼凑后的一个平平淡淡的梦。

譬如"父母双亡的梦"，在县一中住读高中的小周同学，周末时间乘坐班车，准备回乡下家里。班车行驶几十公里山路后，在乡镇车站停靠了，小周同学下了车，还得步行十几分钟才能回家。离家已经很近了，小周同学看见家门口摆放着几个花圈，顿时心里一愣。赶紧跑起来，奔向家门，堂屋墙上挂着小周父母的遗像。小周同学号啕大哭，等小周同学哭够了，伯父伯母走过来，告诉小周同学是一场突如其来的车祸夺走了他父母的生命，让小周同学节哀顺变。

现实中，梦境前两天，小周同学从媒体上看到一则消息：一场突如其来的车祸中，一对 40 岁左右的夫妻双双遇难。于是，小周同学的梦境里就有了双亲遇难的场景。

梦境前那段时间，梦者小周同学家生活过得很艰苦，母亲先天性失明，父亲在田间干活时摔断了腿。"父母双亡的梦"，是小周同学艰苦生活环境中所历所见所闻拼凑后的一个噩梦。

譬如"获得奖品的梦"，公司借用附近中学的运动场举办员工运动会，赵先生报名参加了男子 5000 米长跑。参加 5000 米长跑的男子真不少，有五六十人。半程过后，赵先生处于第三的位置。4000 米过后，赵先生处于第二的位置，离前面选手还有 50 米左右的距离。最后 1000 米，赵先生憋足劲，发起了冲刺，冲到了第一的位置，并保持到终点。赛后举行了颁奖仪式，赵先生获得了一辆电动车的奖励，开心极了。

现实中，梦境前一天，赵先生所在城市举办了马拉松比赛，比赛前 3 名选手分别获得了 2 万元、1.5 万元、1 万元的奖励。于是，赵先生的梦境里就有了获得奖励的场景。

梦境前那段时间，梦者赵先生的生活很是艰难，妻子病故后，赵先生带着 5 岁大的女儿，当爹又当娘。每天上班前，用自行车将女儿送到几公里远的幼儿园。下班后，又骑着自行车急急忙忙赶往幼儿园接回女儿。赵先生渴望有辆电动车，那样的话，接送女儿就会轻松一些，路途上的时间也短一些。"获得奖品的梦"，是赵先生艰苦生活环境中所历所见所闻拼凑后的一个开心愉悦的梦。

第六章

梦境与躯体状况

一个人的躯体健康状况，可分为 3 种：健康状况、亚健康状况和疾病状况。

健康状况：身体形态发育良好，体形均匀，人体各系统具有良好的生理功能，有较强的身体活动能力和劳动能力。对疾病的抵抗能力较强，能够适应环境变化、各种生理刺激以及致病因素对身体的作用。

亚健康状况：一定时间内活力降低、功能和适应能力减退的症状，但不符合现代医学有关疾病的临床或亚临床诊断标准。

亚健康状况是一种长期的过程，没有器质和结构的改变，通过调节可以达到健康状态。如颈部酸痛持续存在，颈椎影像学检查无异常，就是亚健康状况。

亚健康状况不同于健康状况，虽机体没有发生器质性病变，但由于不良的饮食习惯、生活方式、压力过大等因素，导致机体的部分功能失调，必须通过合理的调理方式才能转变为健康状况，否则将演变为疾病状况。

疾病状况：指个体在一定病因作用下，机体调节功能紊乱而发生的异常生命活动的过程，可引发代谢、功能和结构的变化，表现为症状、体征和行为的异常，分急性和慢性疾病。许多情况下，从健康到疾病是一个由量变到质变的过程。

通常情况下，一个人健康有力、躯体状况良好时，梦境多平平淡淡或开心愉悦，偶尔也会出现噩梦、担忧梦的情况。一个人这疼痛那不适，疾病缠身时，容易做噩梦、担忧梦，有时也出现平平淡淡的梦，梦到开心愉悦场景的概率较低。

一、健康有力的状况

《黄帝内经·素问》中有段话，"正气存内，邪不可干；邪之所凑，其气必虚"。意思是：身体内有足够的正气存在，就不容易被邪气所侵袭而得病；如果得病了，那么一定是体内的正气太少，身体太虚弱了。

这里的"正气"是指人体的机能活动和抗病能力。"邪气"是指能够导致人体发病的原因和条件等。人活一世，不可能不得病，只不过有的人得的病重，有的人得的病轻。有的人得病后恢复得快，有的人得病后恢复得慢。这就涉及正和邪两方面，正邪不两立，向来双方是对立面，狭路相逢，势必要大战一场来分出胜负。正邪之间的斗争，正胜邪退则病易康复，正虚邪胜则发病或病情加重。

正气不仅仅是一种抵抗力的体现，同时也代表着一个人的健康程度，能够体现人体机能的好坏。若内在正气饱满，则气血调和，防御力强，就算是有外来邪气侵犯，也会被自身的正气所拦截而不会发病，在不知不觉中消灭发病的可能。

一个人正气充足、健康有力的话，他（她）就远离了疼痛的困扰，吃饭饭香、喝水水甜，起居规律、作息有度。这样的人，工作起来效率会比较高。晚上躺在床上，睡眠质量也会比较好，很少出现多梦和噩梦连连的情况。隔三岔五做个梦，也多为平平淡淡的梦或开心愉悦的梦。

譬如"捐血救人的梦"，周末时间，蔡女士和几位同事相约去郊区踏青。大家上了两辆私家车，行驶在国道上。车辆行驶一段时间后，前方道路堵车。蔡女士和同事停下车来，徒步向前查看。不看不知道，一看不得了，前方有一辆货车侧翻在路边，驾驶员被砸伤了，流了很多血，昏迷过去了。120 救护车赶到了，伤者急需输血，需要 O 型血，蔡女士二话不说，挽起袖子对救护车司机说："我是 O 型血，有过多次献血经历，你们抽我的血吧。"伤者接受输血后，慢慢苏醒了，然后被 120 救护车送往附近医院进一步治疗。看到伤者从昏迷中复苏，蔡女士觉得自己的行为很值得，很有意义。

现实中，蔡女士每天早晚坚持一个小时左右时间的跑步锻炼，年近 50 岁的她身体棒棒的，连季节性感冒都很少有，晚上定时休息，睡眠质量很好。工作中蔡女士充满激情，工作之余定期参加无偿献血，为急需血小板的病人捐献血小板，已捐献 160 多个治疗量的血小板，挽救了不少病人的生命。

健康有力、睡眠很好的蔡女士，现实中多次捐献血小板，于是梦境里就有了捐血救人、心情愉悦的场景。只不过，现实中是捐献血小板，梦境中拼凑成捐献全血了。

譬如"更换球拍的梦"，周末休息，杨先生带着儿子到小区乒乓球台打乒乓球。打着打着，杨先生的球拍正反胶皮都脱落了，只剩下硬邦邦的木板。好在杨先生带了备用球拍，更换球拍后，杨先生继续和儿子练习乒乓球。

现实中，杨先生的羽毛球水平较高，一周要约上两三场羽毛球友谊赛，每次友谊赛时间在一个半小时左右。一年中，杨先生总会遇到两三次球拍断线，需要更换球拍的情况。

爱好羽毛球锻炼、身体健壮的杨先生，现实中多次遇到球拍断线、更换球拍的情况，于是梦境里就有了更换球拍、继续练习这样平平淡淡的场景。只不过，现实中更换的是羽毛球拍，梦境中拼凑成更换乒乓球拍了。

二、疾病缠身的状况

躯体处于疾病状态下，人就吃不好，喝不好，睡眠也不好。营养跟不上，睡眠质量差，人就缺乏必要的精气神。这样的人，如果无法坚持工作，就只能病休。即使能够边治疗边工作，工作起来效率也会大打折扣。晚上躺在床上，入睡慢，深睡眠难，经常睡眠中断，很难出现开心愉悦的梦，梦境中多为担忧或平平淡淡的场景。

譬如"孩子失联的梦"，下班后，骑着自行车赶往附近小学，去接小学一年级的儿子。在大门口，放学后的学生陆陆续续离开了。等了好一阵子，还没接到儿子，也没有其他学生从校门口出来。我慌神了，到传达室询问值守的师傅，师傅回答说学生都离校了。我骑着自行车，掉头往家里赶，家里没有看到儿子。我又骑车奔向小学，脑袋里尽是儿子的影子。在小学门口，还是没有看见儿子，我浑身瘫软无力，一屁股坐在地上号啕大哭起来。

现实中，该梦境的梦者是一名 40 岁的女子，患类风湿关节炎两年多。关节疼痛让她白天干活疼，晚上睡觉不安稳。梦者有一个上小学的儿子，儿子听话，学习不让家长费心，自己背着书包上学放学，没有走丢过。

这名女子晚上躺在床上，入睡慢，深睡眠难，经常睡眠中断。她从手机上看到过有小学生失联的消息，担心自己的孩子是否也会失联。于是，她在间断性睡眠的梦境中，将手机上看到的其他学生失联的场景，与自己的儿子拼凑在一起了。

譬如"捡拾稻穗的梦"，又是一年的秋天，晚稻成熟了，大人们用镰刀收割，运回打谷场后，田埂边、田中间还剩下少许没有收割干净的矮小稻穗。我和几个小伙伴，睁大眼睛，在收割后的田里，找寻那漏割的稻穗。找到稻穗后，在下方稻梗处用力一拉扯，稻穗连着稻梗就到小伙伴手上了。天快黑了，我们每人捡拾了上百根稻穗，捆扎后，扛在肩上，回家了。

该梦境的梦者是位 60 多岁的先生。10 岁前后，他在北方老家帮家里干活，到麦地捡拾过麦穗。梦境前一个月，这位先生的右膝盖半月板和韧带受损，伴有关节腔积液。

疼痛持续伴随着他，白天他只能跛着右腿小范围行走。晚上平躺着不舒服，侧卧着也不安逸。好不容易睡着了，一两个小时后又醒来。醒着的时候，他打开手机浏览一下资讯，借此分散一下疼痛感。他看到过有关三四十年前南方农村孩子们捡拾稻穗的场景描述，于是，在间断性睡眠的梦境中，将南方农村孩子捡拾稻穗的场景，与儿时的自己拼凑在一起了。

三、良好躯体状况的维护

良好的躯体状况，是一个人一生中最宝贵的财富之一，值得珍惜，也需要悉心维护。特别是躯体曾经出过问题，然后恢复到健康状况后，这种感受会更深。

良好躯体状况下：

——人的心情容易愉悦，看啥啥养眼，听啥啥悦耳。

——喝啥啥甜，吃啥啥香。

——工作起来精气神十足，有条不紊。

——学习有动力，求新有干劲。

——亲人间感情和睦，同事间友好相处。

——入睡快，睡眠质量好，很少有噩梦的场景。

做好以下 5 个方面，对维护好躯体状况能起到积极作用。

1. 预防为主，积极锻炼

预防—治疗—康复，是针对健康的全过程管理。在一些人的理念中，只有得病了才去医院求医问药，才去治疗。这种理念看似省钱，其实会花费更多的钱，看似节约了健康管理的时间，其实会花费更多的健康管理时间。

有学者做过研究，在疾病预防上投入 1 元钱，能减少疾病治疗时 5—10 元的支出。如果考虑到罹患疾病给人们带来的痛苦，对工作和家人的影响等，疾病预防的社会效益和经济效益会更明显。所以，预防胜于治疗。

好的身体是靠锻炼出来的。经常性锻炼可以让柔弱的身体变得健康甚至强壮，让强壮健康的身体变得更加健康强壮。

在强身健体方面，中医学有着系统的论述。中医学理论认为，元气是人体最根本、最重要的气。成书于先秦至西汉的《黄帝内经》就有真气之说，成书于西汉末期至东汉的《难经》有原气之说。元气、原气、真气，三者的内涵是同一的，都是指先天之气。

中医学理论认为，元气的作用在于推动人体的生长和发育，温煦和激发各脏腑、经络、气血的生理活动。元气充沛，则人体脏腑器官的功能就正常，活力就旺盛，身体素质就强健而少病。

若先天禀赋不足，又后天失养，则元气必虚，百病丛生。现实中更多见的是，先天禀赋尚好，但后天因缺乏锻炼、饮食不节、房劳过度、情志不遂、休息不好等，长此以往，肾精和脾胃功能大损，元气同样大伤。

中医学理论将人一身之气分为元气、宗气、营气、卫气。其中只有元气为先天之气，其余皆属后天之气。先天之气是从母体中带来的，每个人秉承的多少不一。元气少一些的孩子就会体弱，元气多的就强壮，元气再少的就是先天不足，带着病体出的娘胎。

《黄帝内经》中说"脾胃乃后天之本，气血生化之源"。五脏六腑、四肢百骸、肌肉细胞皆依赖脾胃输送营养。体质强弱，取决于气血的盛衰，而气血的盛衰与脾胃的功能正常与否关系极大。金元四大医家之一的李东垣认为"内伤脾胃，百病由生"，意思是若脾胃不健康，什么病都可以由此而生。明代医圣万密斋也认为"人身脾胃是根基"，也就是说脾胃健康是人健康的基本。如果把长寿比喻成盖房子，护好脾胃就是打地基，根基不牢，吃再多营养品、保健品也起不到太大的作用。

科学地锻炼，有助于改善人体脾胃功能，增强后天之本，提高人体健康水平。一些挑肥拣瘦的人，一些胃口不好的人，一些消化功能弱小的人，通过循序渐进地锻炼，胃口变好了，消化功能变强了，中气充足了，工作、学习、生活也有激情有效率了。

关于锻炼，有两个误区。误区一：没有整块时间，所以无法锻炼。人的一生中，学生时期拥有整块有规律的锻炼时间。一旦步入职场，一旦进入上有老下有小的中年时期，整块有规律的锻炼时间就很少。虽没有整块有规律的锻炼时间，但可以抓住零星的、见缝插针的时间，同样可以达到较好的锻炼效果。

譬如广播体操锻炼，以 2011 年发布的第 11 套广播体操为例，全套 8 节下来，时间为 4 分 45 秒。早上起床，洗漱后，可以在家里做一下扩胸和体转运动，时间 1 分钟左右就够了。在等候公交车的时候，可以做一做踢腿和跳跃运动，时间 1 分钟左右也够了。诸如此类，将零星的时间利用起来，见缝插针，日复一日坚持下来，人体感觉会很好，精气神也会很充沛。

误区二：只有大汗淋漓才是锻炼。炎炎烈日下，建筑工地上的工人一个个大汗淋漓，这是高强度重复性工作，不是大运动量锻炼。两个小时足球场上拼命地奔跑、传接、射门，或羽毛球场上奋力的跳杀、封网、救球后，运动员大汗淋漓，拼尽了最后一丝气力，有的还拼出了伤痛，这样大汗淋漓的锻炼，对身体健康也不是最佳方案。

循序渐进，轻重适宜，微微出汗，及时换衣，对更多的普通人来说，锻炼的效果会更好一些。

2. 张弛有度，不能放纵

中医学理论认为，凡事既不能不足，也不能过度，讲求的是适度适量适时。中医治疗"八法"温、清、消、补、汗、吐、下、和，坚者消之、虚者补之，来调和人体健康。

或因为生存，或为了多一点收入，或为了进步空间，有人会纵劳，连续高强度工作十几个小时甚至更多。在短缺经济时代走向物质财富相对富裕时代的过程中，人们容易出现纵饮、纵食、纵眠、纵色、纵情等放纵现象。放纵的结果是过之，而过之是身体健康的大敌。不放纵、懂节制，是对自身健康的呵护。

不纵劳。张弛有度、定时休息，人体才能保持健康状态。连续高强度工作十几个小时甚至更多，容易给人体带来损伤。要消除这种损伤，所需要的时间会较长，支付的费用会多于加班加点的那一点报酬。

不纵饮。纵饮主要发生在饮酒时，朋友相聚容易纵饮，歌厅酒吧容易纵饮。"半斤酒量喝一斤""一斤酒量灌两斤"，在口号声中，在一声声"豪爽"的表扬与刺激下，一些人明显喝高了、喝超了，喝到医院去输液、去洗胃，少数人甚至为此丢掉了性命。

纵饮有时也发生在喝水、喝碳酸饮料时。大热天，口渴了，遇到水源或碳酸饮料，一口气喝下 5—6 升。陡然间，胃受不了，也容易出现胸闷、气短、心悸等水中毒症状。

不纵食。1978 年浙江人民出版社出版过巴西《七把叉》故事连环画。有位名叫热拉尔多的男孩很能吃，别人给他取了个"七把叉"的外号。"七把叉"经常参加吃喝比赛，获胜后赢得了不少奖金。

"七把叉"参加的最后一次比赛中，他被撑死了，以悲剧结果收场。现实中，因为纵食而体态肥胖，影响到行走，影响到工作的人有不少。

民间有"七分饱"的饮食说法，出家人有"过午不食"的饮食习惯。"七分饱""过午不食"是通过控制摄食，来减少胃肠负担，稳定血压，能起到维护人体健康的作用。

不纵眠。长期睡眠不足，有损人体健康。反过来，长期纵眠，躺在床上一睡就是十几、二十几个小时，对人体健康也不是好事。

纵眠与嗜睡是有区别的，前者是当事人有意识地放纵自己，是主动性行为。而嗜睡是因为器质性疾病或精神障碍等引起，是被动性行为。

纵眠多发生在工作不顺、创业失败、恋爱受阻、婚姻破裂等情况后。

不纵色。"色是刮骨钢刀"，贪恋色情对健康的影响主要有：一是健康状况越来越差。脑髓、脊髓、肾精是相连的，一个人贪恋色情，时间长了脑髓易空，还容易得尿毒症、骨折、跟腱断裂。二是很可能染上梅毒、艾滋病等性传播疾病。

不纵情。"天狂有雨，人狂有祸"，放纵性情，不能控制自己言行的人，容易招致灾难。"言多必失"，不分时间、不分场合地胡言乱语，容易得罪人，容易拉仇恨。"冲动是魔鬼"，冲动之下发生的毁物伤人乃至夺人性命，之后冲动者得付出足够的代价。

3. 低盐少油，合理膳食

低盐，是指尽量减少食用高盐食物，如咸菜、腊肉等，同时在日常烹饪中控制对菜品中食用盐的投放。世界卫生组织的建议是，每人每天食用盐的摄入量控制在 5 克及以下。

少油，是指减少食用油脂的量，少吃油炸食品。过多的油脂堆积在体内，增加了人体脂肪含量，使人变得肥胖，容易引起高血压等疾病。

低盐少油的饮食，不是要求不油不盐，而是在保证人体正常营养需要的前提下，控制盐和油的摄入量，来避免高血压、糖尿病等疾病。

低盐少油对身体至少有以下 3 个方面的好处：一是降低罹患高血压和其他心脑血管疾病的风险。因为高盐饮食，会导致体内水分积聚和血容量增加，加重心脏负担，引起高血压和其他心脑血管疾病。二是控制血糖、减少肥胖。因为过多的油脂摄入会导致过度肥胖、腰围增粗，也会导致糖尿病等疾病。三是预防其他慢性疾病。一些慢性疾病的发生，与过量摄入油盐有关。

怎样做到低盐少油、合理膳食呢？有关营养学者给出了供参考的 5 条建议：

一是控制食量。不暴饮暴食，饭吃七分饱。

二是合理安排好三餐。早餐要吃好，中餐要吃饱，晚餐要吃少。早上起来不要饿着肚子，早餐多吃一些高蛋白、低糖分食物，如牛奶、蛋类、富含维生素 C 的新鲜蔬菜水果等，可以帮助提神醒脑。中餐既是为上午的消耗做补充，也是为下午的消耗做准备，因此中餐应摄入足够的鱼、肉、蛋、豆类，还有蔬菜水果。到了晚餐时，要少吃，避免吃多脂肪的食物，不要给胃肠增加太大的压力，有利于夜间睡眠。

三是增加蛋白质的摄入。减少油后，需要增加蛋白质（鸡蛋、牛奶等）摄入，来获取体内热量来源。

四是粗细合理搭配。饮食中选择一些粗粮、杂粮等，避免过度食用某一类食物。

五是以水果、蔬菜、豆制品为主。水果和蔬菜有助于补充维生素和膳食纤维，豆制品营养而不腻，是蛋白质的很好来源，且脂肪含量较低。

4. 心态阳光，多做公益

心态阳光的人，看事看物客观公正、积极向上，扶危济贫、助人为乐，充满正能量。心态阳光的人，白天堂堂正正做人、清清白白做事，晚上"有人敲门心不惊""一觉睡到大天亮"。

心态阳光的人，"流自己的汗，吃自己的饭"，不贪图财物，不使绊子害人。

心态阳光的人，懂得节制心中欲望，不纵劳、不纵饮、不纵食、不纵眠、不纵色、不纵情。

心态阳光的人，懂得"身体发肤，受之父母"，会挤出时间来锻炼身体。

心态阳光的人，知晓"谋事在人，成事在天"，笑看风起云落，淡看得失成败。

心态阳光的人，往往是公益行动的积极参与者。

在无偿献血点，那些挽臂献血的无名英雄一个个心态阳光，脸上充满灿烂的笑容，他们是"捐血一袋，救人一命""捐献可以再生的血液，挽救不可重来的生命"的践行者。

当大雪淹没了道路时，心态阳光的人会自发地扛起铁锹和扫把，铲除积雪，清扫路面，让路人放心地行走。

在寒冷的冬季，心态阳光的人会将家里闲置的旧衣旧裤清理出来，洗晒干净后，送到医院"三无"（无身份、无责任机构或人员、无支付能力）病人床前，为他们带来一分温暖与保障。

……

心态阳光、多做公益的人，奉献的是爱心，收获的是身心健康。有学者对长寿者做过调查与研究后发现，在影响长寿的诸多因素中，戒烟限酒、合理膳食、避免肥胖、家庭和睦等固然起到作用，但阳光的心态、乐观的心情更为重要。

5. 走进自然，歌唱生活

人是大自然的一个组成部分，来自大自然，最后也回归大自然。走进自然、亲近自然、了解自然，会触发人们对大自然的敬畏之心，更好地适应大自然，与大自然融为一体。

人们观察草木、观察风雨，能领悟到"人生一世，草木一春，来如风雨，去似微尘"，感受到一个人的渺小，明了"争去争来一场空"。

人们观察地震、海啸、观察火山喷发，能领悟到在大自然的力量面前，生命可以瞬间化为乌有，感受到生命的脆弱与短暂，明了"雁过留声，人过留名"，短短几十年得为这人世间奉献点什么。

留意一下身边的人，不难发现，那些喜欢走进大自然的，多是热爱生活、性情豁达、崇尚健康生活方式的人。

除了走进大自然，空闲时唱唱歌，能陶冶情操、净化心灵，对促进健康也有诸多帮助。

（1）忘掉烦恼，舒缓情绪。当一个人很伤心或者很愤怒的时候，不妨找个地方放声高歌。伤心、愤怒会产生很多危害人体的物质，而唱歌能将这些物质排除。在歌唱过程中，人的情绪也就慢慢缓和了。唱歌能使人的性情发生改变，脾气暴躁的人，要是经常唱一些轻柔的歌曲，坏脾气多少会得到收敛。自卑的人，多唱激荡人心的歌曲，自信心会一天一天找到。

（2）燃烧中性脂肪。当体内脂肪开始燃烧时，最先燃烧的便是中性脂肪，唱歌可以助其燃烧。如果配合肢体动作，载歌载舞的话，减掉的脂肪会相当可观。

（3）起到运动效果。唱歌方法正确的话，譬如做到胸腔共鸣，可以充分利用身体的脏器和肌肉，消耗大量体能，起到运动效果。有研究发现，一个人在唱完一首歌后的氧气消耗量，与跑完100米后的氧气消耗量相当，两者的卡路里消耗量也大致相同。

（4）利用腹肌收肚。唱歌时，基本呼吸方法便是腹式呼吸法。腹部的肌肉得到充分利用，可结实腹部的肌肉。此外，使用腹式呼吸法的时候，横膈膜的活动可以调节空气的吸入和呼出量，增加肺活量。

（5）改善便秘，光泽皮肤。有慢性便秘的人，多唱歌可以蠕动肠胃，改善便秘状况。及时排便后，体内毒素也会及时清除，有助于保持皮肤圆润光泽。

（6）调和女性月经。月经周期紊乱，部分原因是压力导致荷尔蒙失调。唱歌时，发挥想象力，进入歌曲的意境之中，可以促进女性荷尔蒙分泌，改善生理周期不规律的情况。

第七章

梦境与心理状态

梦境的吉凶、频次，与梦者当时的心理状态紧密相连。

一个人心情愉悦、心里放松时，梦境多开心愉悦或平平淡淡。一个人茶饭不思、心里郁闷时，容易做噩梦、担忧梦，甚至一晚上做好几次噩梦、担忧梦，有时也出现平平淡淡的梦，但梦到开心愉悦场景的概率较低。

一、心情愉悦的状态

前一段时间心情愉悦的话，大脑神经系统记忆中枢会将这种愉悦暂存下来。晚上睡眠中如果出现梦境，这种暂存下来的愉悦很容易被植入梦境中，出现一个愉悦的梦境。这种暂存下来的愉悦如果没有被植入梦境中，梦境里便是平平淡淡等的场景。

譬如"租下店面的梦"，有一家店面转让，店面面积不大，但门前的人流量不小，适合于开小吃店。和房东见了面，谈好了租金，租金还算可以接受。买来白色墙面漆，和老公一起刷墙，边刷两人还边哼歌。想着明天就可以在店面内做小吃，不用推着三轮车和老公顶风冒雨，四处流动售卖小吃了，心里可开心啦。

现实中，梦者是一名近 50 岁的女性，梦境前 3 个月时间，她和老公推着三轮车售卖水果，生意不错，每天有四五百元毛利。她和老公很受鼓舞，两人盘算着，照这样的势头，一年后可以租下一个店面卖水果。那样的话，水果品种还可以丰富一些，数量上还可以多一些。于是，梦境里就有了开开心心租下店面的场景。

譬如"种植蔬菜的梦"，小区围墙处有一小块空地，没有种树种草。不想让它荒芜着，请示物业部门同意后，我撒下了一些丝瓜种子。丝瓜种子发芽，慢慢长出了丝瓜藤，又结出了一二十根丝瓜。我将这些丝瓜分发给左邻右舍，他们都说味道不错。

现实中，梦者是位 30 多岁的女性，研究生毕业后在省城一家公司工作，这几年结婚生子，有了自己的房子，工作也比较顺心，家庭、事业等朝着好的方向发展，这位女性很开心。她的父母生活在县城边上，父母在房前屋后种植了一些爬藤蔬菜，譬如丝瓜、南瓜、扁豆、苦瓜等。节假日回县城看望父母时，她都会带回一些父母种植的蔬菜。于是，梦境里就有了种植蔬菜这种平平淡淡的场景。

二、心里郁闷的状态

前一段时间心情不好、心里郁闷的话，大脑神经系统记忆中枢会将这种不快或郁闷暂存下来。晚上睡眠中如果出现梦境，这种暂存下来的不快或郁闷很容易被植入梦境中，出现一个噩梦或担忧梦等，甚至是一晚上几个担忧梦或噩梦。这种暂存下来的不快或郁闷如果没有被植入梦境中，梦境里便多为平平淡淡等场景，少数情况下也会有开心愉悦的场景。

譬如"诸事不顺的梦"，从工厂下班，到家时已经晚上7点多钟了。上小学的儿子家庭作业没做，趴在地上玩纸片，地上乱糟糟的。淘洗了大米，放进电饭锅煮饭，准备打开煤气灶烧菜时，却怎么也点不着炉灶，不知道是因为停气还是炉灶有问题。接着，手机响铃了，是弟弟打来的电话，告知老父亲冠心病老毛病犯了，在医院治疗。赶紧下楼，踏上自行车准备去医院，自行车又不给力，一看是链条脱落了。我急啊，我生气啊。

现实中，梦者是一名30多岁的男子，在一家小工厂做电焊工。梦境前一段时间，工厂不景气，工人们薪水都减少了，这名男子原来一个月可以有5000多元薪水，现在只有3000多元了。工厂老板放出风声：半年后不知道工厂还能不能挺住。这名男子心情不好，有些郁闷，不知道何去何从。于是，该男子的梦境里就有了诸事不顺的场景。

譬如"亲戚来访的梦"，周末，孩子的爷爷奶奶过来看望孙子。刚安排两位老人坐下，帮他们倒好茶水，就听到敲门声。开门一看，孩子的姑父姑姑来了。过了一会儿，孩子的伯伯伯母也来了。赶紧到菜场补买一些食材，做了几个菜。吃完饭，一众亲戚便离开了。

现实中，梦者是位40多岁的女子。梦境前半年，这位女子的老公被公司辞退后，打起了零工，收入较低且不稳定。女子自己做了个甲状腺瘤手术，在家病休了一个多月。病休期间，女子的月收入少了近2000元。夫妻两口子收入双双减少，而家里固定的支出又摆在那里，夫妻两口子都有些郁闷。女子出院回家后，孩子的爷爷奶奶、伯伯伯母、姑父姑姑等亲戚都来看望过，鼓励她早日康复。于是，该女子的梦境里就有了亲戚来访这种平平淡淡的场景。

譬如"生活技能的梦"，小区附近的一条古街被开发出来，不少游客慕名而来。周末，我带上画板和凳子，在古街的一角画起水墨画来。画好一张水墨画后，送给有兴趣的游客，游客执意给了一点钱，我只好收下。围观的游客越来越多，我的水墨画也一张张地完成，送给了一个个游客，他们给我的钱也越来越多。收摊后，数了数，游客一共给了我300多元钱。想着画个水墨画就能有游客给钱，我就不用担心失业后生活没着落了，开心啊。

现实中，梦者是一位30多岁的男子，是一家建筑公司的项目经理。最近两年，公司承接的活儿不多，项目经理"人多活儿少"，该男子处于半赋闲状态。面对上有老、下有小的生活压力，该男子想离开公司寻找新的工作，但新的工作一时半会儿不是那么容易找到的，该男子心里很是郁闷。半赋闲状态中，该男子捡拾起他的水墨画爱好，偶尔画上那么一两幅画，公司同事都说这水墨画画得好，说不定可以换钱呢。于是梦境里就有了该男子靠水墨画换钱的愉悦场景。

三、躯体状况与心理状态的相互影响

躯体状况与心理状态是相互影响的。一个人躯体状况良好时，容易心情愉悦。心情愉悦时，即使有些病痛和不适，也会觉得轻了些许。

反过来，一个人躯体状况不好时，容易心里郁闷。心里郁闷、心情不好时，躯体会放大对病痛和不适的感觉，如此反复，会陷入躯体状况与心理状态的累积因果循环。

抑郁症便是这种累积因果循环的一个结果。

抑郁症是一种常见的精神疾病，主要表现为情绪低落，兴趣减退，悲观，思维迟缓，缺乏主动性，自责自罪，饮食、睡眠差，担心自己患有各种疾病，感到全身多处不适，严重者可出现自杀念头和行为。

抑郁症有以下症状和体征：

1. 心境低落

主要表现为显著而持久的情感低落，抑郁悲观。轻者闷闷不乐、无愉快感、兴趣减退，重者痛不欲生、悲观绝望、度日如年、生不如死。典型患者的抑郁心境有晨重夜轻的节律变化。在心境低落的基础上，患者会出现自我评价降低，产生无用感、无望感、无助感和无价值感，常伴有自责自罪，严重者出现罪恶妄想和疑病妄想，部分患者可出现幻觉。

2. 思维迟缓

患者思维联想速度缓慢，反应迟钝，思路闭塞，自觉"脑子好像是生了锈的机器""脑子像涂了一层糨糊一样"。临床上可见主动言语减少，语速明显减慢，声音低沉，对答困难，严重者无法顺利进行交流。

3. 意志活动减退

患者意志活动呈显著持久的抑制。临床表现为行为缓慢，生活被动，不想做事，不愿和周围人接触交往，常独坐一旁，或整日卧床，闭门独居，疏远亲友，回避社交。严重时连吃、喝等生理需要和个人卫生都不顾，蓬头垢面、不修边幅，甚至发展为不语、不动、不食，称为"抑郁性木僵"。但通过仔细精神检查，患者仍会流露痛苦抑郁情绪。伴有焦虑的患者，可有坐立不安、手指抓握、搓手顿足或踱来踱去等症状。严重的患者常伴有消极自杀的念头或行为。消极悲观的思想及自责自罪、缺乏自信心可萌发绝望的念头，认为"结束自己的生命是一种解脱""自己活在世上是多余的人"，并会使自杀企图发展成自杀行为，这是抑郁症最危险的症状。

4. 认知功能损害

研究认为，抑郁症患者存在认知功能损害。主要表现为近事记忆力下降，注意力障碍，反应时间延长，警觉性增高，抽象思维能力差，学习困难，语言流畅性差，空间知觉、眼手协调及思维灵活性等能力减退。认知功能损害导致患者社会功能障碍，而且影响患者远期预后。

5. 躯体症状

主要有睡眠障碍、乏力、食欲减退、体重下降、便秘、身体任何部位的疼痛、性欲减退、阳痿、闭经等。躯体不适的体诉可涉及各脏器，如恶心、呕吐、心慌、胸闷、出汗等。自主神经功能失调的症状也较常见，病前躯体疾病的主诉通常加重。睡眠障碍主要表现为早醒，一般比平时早醒两三个小时，醒后不能再入睡，这对抑郁发作具有特征性意义。有的表现为入睡困难，睡眠不深。

抑郁症严重困扰患者的生活和工作，给家庭和社会带来沉重的负担，约15%的抑郁症患者死于自杀。世界卫生组织、世界银行等的一项联合研究表明，抑郁症在我国疾病负担中位列第二。

针对抑郁症，目前有西药治疗、认知治疗、电痉挛治疗、中医中药治疗、运动治疗等疗法。

相比于其他几种治疗方法，运动治疗可以帮助患者减轻压力，放松心情，减轻抑郁情绪，使患者精力充沛，增加平衡性及柔韧性。从总体功能上来讲，运动治疗安全、有效而且简单易行，是促使患者逐步从躯体状况与心理状态累积因果循环中走出来的一种有效方法。

第八章

给梦者的建议

　　梦境出现在快速动眼睡眠期，梦者曾经所历所见所闻拼凑后，导致梦境光怪陆离、五花八门、情节奇特。梦中的情节大概率前后没有联系，甚至前后矛盾、不合逻辑，或在现实中是不可能出现的。

　　对 500 多个看似没有规律的梦境进行梳理后，能够发现它们隐藏着 3 个相同点：一是梦境的元素都包括人物、地点和动作；二是梦境是梦者曾经所历所见所闻的一种拼凑；三是梦境的吉凶和频次与梦者的躯体状况和心理状态有一定联系。

　　前两个相同点提示我们，不必在意梦境的内容，我们不必在清醒状态下纠结不清醒状态（睡眠状态）时的行为，梦境就是一场拼凑。

　　后一个相同点提示我们，如果近期噩梦频频，我们得关注自己的躯体状况或心理状态。

一、不必在意梦境的内容

　　多数人的多数时候，不会在意梦境的内容。人们从梦境中醒来后，虽然梦境内容光怪陆离、五花八门，但多一笑了之，因为要忙着起床穿衣，刷牙洗脸，赶紧上学上班。紧张的节奏，生活的压力，人们没有过多的时间和精力来理会梦境的内容。

多数人的少数时候，可能在意梦境的内容。当人们遭遇大一点的挫折，或处于可能晋升的关键时期，如果出现梦境，那么，当事人很可能在意梦境的内容。

譬如"步梯踩空的梦"，小区停电了，电梯无法运行。我住在7楼，可以从步梯走下楼去。走在步梯上，我一脚踩空，好在抓住了步梯扶手，才没有摔倒。

现实中，该梦境的梦者是位40岁的男子，在一家研究机构工作，正处于副高职称晋升阶段。有了"步梯踩空的梦"后，这位男子有些担忧，不知道这个梦是否预示着他副高职称晋升会落空。

少数人的多数时候，会在意梦境的内容。少数衣食无忧、生活优渥、空闲时间较多的人，挺在意梦境的内容。晚上做了个梦，从梦中醒来后会反复琢磨梦境的内容，"为什么会梦见瀑布""我怎么去了山谷""梦里我的高跟鞋为啥会掉了跟"。

譬如"去了山谷的梦"，和一帮姐妹结伴自驾旅游，去了一个山谷。远处的山峰有很多高大的树木，山谷却光秃秃的，灌木和杂草都没有。在山谷，我们拿出烧烤炉子，烤着肉串、鸡翅、面筋等。

现实中，该梦境的梦者是位30多岁的少妇，有家族企业，主要是她哥哥打理，这些年发展得很好。该少妇每年从家族企业中能够有不菲的分红，她的时间和精力主要花在如何保健养生上。有了"去了山谷的梦"后，该少妇担忧，不知道这个梦是否预示着她的家族企业会走下坡路，甚至跌入谷底。

多数人的少数时候和少数人的多数时候，会在意梦境的内容。因为担忧，因为捉摸不定，他们中的一部分人会去找占卜先生，或其他号称可以逢凶化吉的高人。

没时间理会也好，有时间理会也罢，所有梦者都没有必要在意梦境的内容。梦境，就是存储在梦者大脑中的那些所历所见所闻中的一点点，在睡眠状态下拼凑起来的结果。

还是以"步梯踩空的梦"为例。该梦境过后两个月，那位男子看到了职称晋升公告，他顺利晋升到副高级职称。看完公告，男子笑着说了声"当时因为那个梦境而担忧，实在没有必要"。

依然以"去了山谷的梦"为例。该梦境过后两年多，少妇的家族企业仍然很红火，她拿到手的分红比前两年多得多。那位少妇对结伴自驾旅游的姐妹们笑着说"当时因为那个梦境而担忧，着实是白费力气了"。

二、正确看待梦境的属性

梦境具有拼凑性、思维性、易忘性、日期缺失性、怪异性和不确定性，这些属性是客观存在的，不以人的意志为转移。了解梦境的属性，可以帮助人们更好地认识梦、了解梦，不会拘泥于梦境而不能自拔。

1. 看待梦境的拼凑性

一个人曾经所历所见所闻，不一定全部都能记忆下来并保存到大脑记忆中枢，但一个人大脑记忆中枢中还留存着的，一定是这个人曾经所历所见所闻的。睡眠时，大脑神经细胞多数处于静息状态，大脑神经系统得以放松和休整。这个时候，处于活跃状态的少数神经细胞，可能会将大脑记忆中枢里某些人物、地点、动作等抽提并拼凑起来，于是有了五花八门的梦境。

因为拼凑，梦境显得不连续，也常常不合逻辑。知晓语句拼凑游戏的滑稽，了解到梦境的拼凑性后，人们就可以慢慢理解并接受各种各样的梦境了。

譬如"偶像球星的梦"，和大学室友一起去体育中心看一场足球赛，比赛结束后，运动员们向观众致谢，其中一位运动员是我的偶像球星，我激动地大喊这位偶像球星的名字。

该梦境的梦者是一名19岁的大一学生，现实中他并未见过自己的偶像球星，他只是通过视频多次观看过这位球星踢球的画面。这种画面，已经进入他的大脑记忆中枢中，梦境中将这种画面从记忆中枢中抽提并与其他梦境元素拼凑起来，变成了这位大学生现场见到了球星。

譬如"家里失火的梦"，家里失火了，迅速蔓延开来，我赶紧叫醒父母，想打开房门往外逃，但房门怎么也打不开。我着急，我好着急。

该梦境的梦者是一名13岁的初中女生，现实中她家里从来没有发生过火灾。她是通过电视、手机视频等，观看过家庭失火、火势蔓延的画面，并且这种画面已经进入她的大脑记忆中枢中，梦境中将这种画面从记忆中枢中抽提并与其他梦境元素拼凑起来，变成了这名女生家出现了火灾。

2. 看待梦境的思维性

从整体看，梦境常常不合逻辑、不合情理、不合事实，但在梦境的某些片段，可以表现出一定的思维性。这种表现，与睡眠时大脑神经细胞多数静息少数活跃，大脑神经系统整体上处于休整和功能弱小状态是一致的。

梦境中，梦者从山顶坠落的那一刻，知道要抓住树枝或藤蔓等。

梦境中，梦者看到野狗，知道要静悄悄绕道走。

梦境中，梦者坐在报告厅，知道不能大声喧哗，只能静静听、认真记。

梦境中，梦者在公园观看大妈们跳健身操、广场舞，知道只能站在场外观赏。

梦境中，梦者在班上考试得了第一名，知道是一件光荣和值得开心的事情。

梦境中，奶奶突然倒地不起，梦者知道赶紧呼叫旁人帮忙，或拨打120求助。

……

3. 看待梦境的易忘性

清醒状态下，大脑神经系统满负荷运转，功能强大，即便如此，一个人看到的、听到的、经历过的，仍会有一部分被遗忘掉。睡眠状态下的梦中，大脑神经系统功能弱小，拼凑起来的梦境要么没有留下什么记忆，要么有暂时性记忆，但很快就忘记。极少数不易忘记的梦境片段，属于那种凶险、恐怖之类的。所以，一个人几十年中，做过的梦成百成千，但能留下记忆的梦屈指可数。

梦境的易忘性，是人体自然调节的结果。

一是减少一些无谓的记忆，给大脑神经系统记忆中枢减负。清醒状态下，人体视觉、听觉、味觉、嗅觉、触觉五大感觉器官接收到的信息，以及思考、创意、点子，等等，就够多的了，就够大脑记忆中枢忙碌的了。再将那些拼凑起来的五花八门的梦境深深地记忆下来，实在没有必要。

二是提升睡眠质量，让更多的神经细胞轮流得到静息。睡眠中，有少数大脑神经细胞活跃着，轮流值守着，因此可能出现梦境。但多数梦境是"一过性"的，连梦者都不知道自己曾经有过那么多的梦。这些梦没有在梦者大脑记忆中枢驻足，占用大脑记忆中枢的空间。能够在梦者大脑记忆中枢驻足的，只有少数梦境。睡眠中虽然可能有梦，但梦者的大脑神经细胞负担不重，压力不大，依然可以得到较好的静息，让梦者有较好的睡眠质量。

归纳起来，对梦境的忘记是为了给其他更有价值的内容腾挪记忆空间，同时，对梦境的忘记也是为了让梦者获得较好的睡眠。

4. 看待梦境的日期缺失性

睡眠状态下的梦中、婴幼儿时期、阿尔茨海默病前期，大脑神经系统功能弱小。记忆中枢会排挤掉那些费神费脑的内容，譬如复杂的逻辑思维、生僻刁钻的字词、时间序列中只会出现一次的某年某月某日等。而尽可能保留那些给视觉、听觉、嗅觉等带来巨大冲击的内容，譬如五颜六色的彩旗、震耳欲聋的鞭炮声、香喷喷的馒头等。

于是人们会听到好朋友这样分享他（她）的梦境：黑夜里，驾驶私家车行驶在山区小路上，遇到转弯，想转动方向盘，车子却转不过弯来，眼看着车子就要冲向山包。

人们会听到，婴幼儿这般讲述他（她）的见闻：爸妈带我去公园，我看到了五颜六色的彩旗，碰碰车的碰撞声好大好大的。

人们会听到，阿尔茨海默病前期的老人这样和儿女唠嗑：那年的雪好大的，积雪能没过大人的膝盖。那年的冬天好冷的，鸡啊猫啊狗啊都躲在屋里不出来。

梦境中年月日等日期的缺失，是大脑神经系统顺应睡眠状态的表现。

5. 看待梦境的怪异性

从语句拼凑游戏看出，拼凑性必然带来怪异性，怪异性与拼凑性相生相伴。

回忆，是一个人曾经所历所见所闻的回放。一个人可以多次回忆某个场景，每一次的回忆能做到大体相同。回忆不是拼凑，回忆也就不具有怪异性。

而梦境是梦者曾经所历所见所闻的拼凑，梦境不受人控制，梦境也就无法重复和复制。有研究表明，一个人成百成千的梦境中，没有相同的或重叠的。梦境来源于拼凑，梦境具有怪异性。

譬如，张先生回忆起高中时期住校的场景：40 几个男生住在一间教室般大小的平房里，高低床，没有衣柜，多数男生只有一条毛巾一个脸盆，洗完了脸洗脚。张先生回忆起高中时期住校的场景，每次回忆的内容都相同。

譬如，去年李先生做了个"比拼饭量的梦"，高中同学小赵和小李杠上了，要比拼饭量。小赵一餐吃下了1斤6两饭，小李吃下了2斤饭。今年李先生做了个"三好学生的梦"，高中期间，班上成绩最好的小王同学一次都没有被评为"三好学生"。我成绩一般般，同学投票后，我居然当选为"三好学生"，心里好高兴的。李先生去年和今年两次梦到高中时期的生活，虽然都很怪异，但梦境内容大相径庭。

6. 看待梦境的不确定性

人们无法确定今晚是否有梦，今晚有梦的话又无法确定梦境是什么，两个无法确定构成了梦境的双重不确定性。

有一句很流行的话"明天和意外，不知道哪一个先来"，人生中遇到的不确定事情很多，梦境只是其中之一。人生不确定的事情，譬如：

——一个人无法确定他（她）的寿命是多少岁。

——"黄泉路上无老少"，一对父子无法确定是否父亲一定走在儿子前面。

——自由恋爱环境下，一名学生在初中阶段无法确定他（她）未来的婚姻对象是谁。

——刚刚怀上孩子的一对夫妻，无法确定怀上的是男孩还是女孩。

——报到入学的大学新生，无法确定4年学习期间自己是否每年都能获得"优秀大学生"称号。

——科研机构的青年博士，无法确定自己向国家自然基金委员会申请的科研项目是否获得批准。

当然，人生中遇到的确定事情也有不少，譬如：

——可以确定，一位身心健康的 50 岁男子，他回忆起 3 年前送儿子到大学报到时的情景，与真实场景基本吻合。

——可以确定，男生女生过了 25 岁后，都会停止长个子。

——可以确定，食材准备妥当后，餐馆里爆炒一份酸辣土豆丝用时不会超过 5 分钟。

——可以确定，在速度上，正常行驶的小汽车会超过步行的任何人。

——可以确定，"坐地日行八万里"，人们随着地球自转，每天自转了 4.0076 万公里。

——可以确定，痛风患者中男性明显多于女性（男性患者占比在 95% 左右）。

确定与不确定，是绝对运动与相对静止的一种表现形式。确定与不确定，是大自然和人类社会的一部分。确定与不确定，让人类始终充满好奇，吸引人们不断探索。

三、积极利用梦境的作用

做梦作为人类的一个生理现象，存在了数百万年之久，一定有其存在的合理性。梦境对人体健康和人们生活，有着显示作用、宣泄作用、解压作用、满足作用、新奇作用、调和作用。随着研究的深入，可能还有其他方面的积极作用。利用好梦境的作用，能促进人体健康，美化人们生活。

1. 利用好梦境的状态显示作用

一定程度上，梦境能反映梦者的躯体状况和心理状态。隔三岔五有个梦，且梦境或平平淡淡，或开心愉悦，显示梦者心理压力不大，心态比较平稳。

若连续多日有梦，或一晚上不断有梦，且梦境或阴森恐怖，或不堪忍受，显示梦者心理压力较大，心态浮躁不安，或并存着躯体的亚健康状态甚至是病态。这个时候，梦者可以检视一下自己的躯体状况和心理状态：是否躯体有问题？是否工作压力生活压力过大？必要时，可以到正规医疗机构和心理卫生服务机构求助医生或心理治疗师。

譬如，张先生这两个多月来，3—5 天有一个梦，梦境是寻常的人物、常见的地点、平常的事情的拼凑，看似怪异蹊跷，却显示张先生这段时间心理压力不大。

譬如，近一周，李先生做了两个梦，梦境里是寻常人物、常见地点、小小开心事情拼凑起来的愉悦场景，显示李先生这段时间心态比较平稳。

又譬如，最近十几天，王先生几乎每晚有梦，一晚上可以有好几个梦，且梦境几乎是阴森恐怖的内容，显示王先生这段时间心理压力较大。

又譬如，最近 5 天，刘先生晚上难以入睡，短暂入睡后便是噩梦，然后从噩梦中醒来，显示刘先生这段时间心理压力较大，很可能并存着躯体疾病。

2. 利用好梦境的情绪宣泄作用

梦境中，可能出现或喜极而泣，或愤怒不已，或苦思冥想，或极度悲伤，或胆小恐惧等场景，这些情绪上的肆意宣泄，与梦者现实中温文尔雅的行为并不相符。它们是梦者情绪宣泄的一种形式，喜怒思悲恐在梦中宣泄了，对梦者的心理健康是有益处的。

譬如"喜极而泣的梦"，快递小哥送来了高考录取通知书，拆开一看，女儿被国内前 5 名的大学录取。手里拿着录取通知书，我一屁股坐在客厅地面上，高兴得大哭起来。

现实中，梦者是一位 50 岁的女性，女儿正在一所 211 大学读博。女儿从小学到大学，学习上的事情从未让这位女性过多操心，这位女性甚感欣慰，但从未在同事面前流露过自己心中的喜悦。梦境中，这位女性的喜悦心情得到了释放与宣泄，其他学生考上国内前 5 名高校的场景，生活中有人一屁股坐在地上喜极而泣的场景，与这位女性在梦境中拼凑在一起了。

譬如"愤怒不已的梦"，走在大街上，一名五大三粗的汉子从后面撞向我。那汉子说我招惹了他，抡起拳头砸向我，还用脚踢我。被砸了好多拳，还被踢了好多脚，我不再忍受，奋起反抗，用脚狠狠地踹向那汉子。

现实中，该梦境的梦者是位 30 多岁的男性，工作中受了委屈，他憋着。家里面，妻子唠叨他收入不高，他不辩解。梦境中，这位男性的委屈和愤懑情绪得到了释放与宣泄，街头上他看到的有人横蛮不讲道理、欺负人的场景，视频中他看到的有人遭遇攻击后奋起反抗的场景，与这位男性在梦境中拼凑在一起了。

3. 利用好梦境的压力减轻作用

白天从不口吐脏话的人，梦境中可能说出了脏话；白天从不骂人的人，梦境中可能与人对骂；白天逆来顺受的人，梦境中可能与人争辩；白天从不敢对老板说不的人，梦境中可能不理会老板的安排。诸如此类的梦境，看似怪异，看似与现实不符，实则是梦者压力的一种减轻方式。适度减压，让梦者紧绷的神经、紧张的肌肉得以舒缓后，可以助力梦者身心健康。

譬如"口吐脏话的梦"，早上来到办公室，一名男同事走到我面前，手指向我，连续对我说脏话。我可不惯着他，也用手指向他，用更大声的脏话回应他。于是他退缩了，灰溜溜地走了。

现实中，该梦境的梦者是一位才参加工作两年的年轻女子。工作和生活交往中，她轻言细语，连大声大气都不曾有过，更别提口吐脏话了。这位年轻女子工作中看到的同事间互不相让、相互口吐脏话的场景，在梦境中与这位年轻女子拼凑在一起了。梦境中，这位年轻女子用更大声的脏话回应挑衅者，年轻女子紧绷的神经得以舒缓。

譬如"不理会老板的梦"，老板走进员工办公室，来到我跟前，给我布置了好几项工作。老板刚布置完，我回应着："我做不了，你找别人吧。"

现实中，该梦境的梦者是位 30 多岁的女性，工作中从不敢对老板的安排说不，经常加班到晚上 10 点。这位女性在工作中看到的有员工敢于不理会老板的场景，在梦境中与这位女性拼凑在一起了。梦境中，这位女性直接拒绝老板的安排，压力得到一定减轻。

4. 利用好梦境的需求满足作用

望梅止渴，是人们通过对梅子的想象，流出口水，暂时达到些许止渴效果。

现实中某些求而不得的，在梦境中得到了，能暂时满足梦者对某些东西的需求。这种满足，要胜于自欺欺人的满足，对梦者的身心健康有帮助作用。

譬如，一位梦者想美美地、饱饱地吃一顿土豆的现实生理需求，在"大筐土豆的梦"中得到了暂时满足。

譬如，一位梦者想搬进楼房套间的现实安全需求，在"分得套间的梦"中得到了暂时满足。

譬如，一位梦者现实中对情感和归属上的需求，在"浪漫爱情的梦"中得到了暂时满足。

譬如，一位梦者现实中对尊重的需求，在"台上 C 位的梦"中得到了暂时满足。

譬如，一位梦者现实中对自我实现的需求，在"创造发明的梦"中得到了暂时满足。

现实中某些求而不得的，在梦境中得到后，除了能暂时满足梦者对某些东西的需求，还能激发某些梦者在现实中去奋斗，将梦境中的满足变成现实中的满足。

5. 利用好梦境的场景新奇作用

"世无弃物"，世界上没有垃圾，垃圾是放错地方的宝物。世界上没有庸才，庸才是用错地方的人才。世界上没有错话，错话是用错时间和地点的正确话。世界上的字无好坏之分，但有组合恰当与不当之别。经济学家、政治家、演说家、作家等，是把该放的东西、人才、语言、文字放在适当地方的人。所以老子曰："是以圣人常善救人，故无弃人；常善救物，故无弃物。"

人们的梦境蹊跷、怪异、新奇，已存在数百万年之久。长时期存在于世，一定有它们积极、合理、可利用的地方。仅梦境的新奇，至少可以给人们带来两方面的积极作用。一是给人们平淡的生活带来免费的新奇感、快乐感；二是可以激发人们的灵感，让人们产生某些创造性思维，并将创造性思维付诸实践。

灵感是很难得的，稍纵即逝。一些重大理论，一些新奇点子，往往来源于灵感。

譬如，牛顿在树下苦思冥想，被掉下来的苹果砸中脑袋，牛顿就思考起苹果为何会落下，而月球不会掉落到地球上。经过思考，牛顿敏锐地意识到，月球不会掉落是因为月球同时存在着运行的推动力和重力的拉力，而苹果落地是因为重力的牵引，从而发现了著名的万有引力定律。

譬如，阿基米德在澡堂洗澡时，脑袋里思考着如何判定皇冠是否是纯金打造的问题。突然，他注意到自己的身体在装满水的浴盆里慢慢沉下去的时候，有一部分水会从浴盆边沿溢出来。身体入水越深，感觉到体重就越轻。由此，他发现了浮力原理和阿基米德定律，即：把物体浸在一种液体中时，物体排开的液体体积等于物体所浸入的体积，浸在液体里的物体受到竖直向上的浮力，浮力大小等于被物体排开的液体受到的重力的大小。

灵感有3个来源：一是睁眼观察；二是闭目沉思；三是梦中新

奇。前两个来源，容易受到人们的重视，后一个来源，人们重视得不够。

6. 利用好梦境的生活调和作用

回忆是真实的，每一个回忆片段中的人物、地点、动作都是确定的。人物、地点、动作一条线地组合起来，这种组合是固定的。譬如，我 10 岁生日那天，爸爸妈妈买了个水果蛋糕，在家里为我庆祝生日。

而梦境不一样，人物、地点、动作可有多种拼凑和组合方式，是不固定的、不确定的，大概率与真实情况是不一样的。

多数梦是平平淡淡的梦。这些平淡的人物、地点、动作在梦中拼凑后，就让看似清汤寡水的平淡梦，有了几分滑稽搞笑，甚至是十分的滑稽搞笑，让平平淡淡的生活在梦中得以提档升级，对梦者平平淡淡的生活起到调和作用。

占人口多数的平民百姓，大家的生活是平淡无奇的。占人口少数的社会精英，多数时候的生活也是平淡无奇的。平淡无奇，是现实生活的主旋律。高光时刻、英雄传奇，是现实生活中偶有的稀罕的时候。滑稽搞笑的梦境，让每一个人都比较容易享受到开心与快乐，幸福与微笑。

下 篇

梦例分析

MENG LI FEN XI

1. 废弃铁管的梦

舒先生做了个梦，梦见自己和几位朋友使用 X 线探测仪去探测废弃铁管。醒来后，舒先生觉得这个梦很怪异：因为现实中舒先生从未有过和朋友们使用 X 线探测仪去找寻地下废弃铁管的经历。

【梦境】

通过 X 线探测仪，自己和几位朋友探测到几十年前的地下废弃铁管，一截一截将它们挖了出来。把这些废铁管卖给废品回收站后，有人提出将卖得的钱，几个人分了。有人主张卖得的钱，应上交集体，不能几个人私分。

【梦的分析】

梳理一下梦者舒先生曾经所历所见所闻。

（1）从媒体上，梦者知道有 X 线探测仪，可以探寻地下的金属物，尤其是较为普遍的铁管之类。

（2）生活中，梦者看见过马路施工时，工人们将地下废弃的铁管一截一截挖出来，将这些废弃铁管卖给废品回收站。

（3）儿少时期，梦者到过野生竹林，和小伙伴们一截一截挖马鞭（竹根）。

（4）从媒体上，梦者看到过这样的报道：几个人结伴同行，路上捡拾到钱物，有人主张私分了，也有人主张交给公安机关，转还给失主。

一番梳理后，该梦境是梦者曾经所历所见所闻的拼凑，梦境中将儿少时期去野生竹林一截一截挖马鞭的场景等，错拼成和朋友们一截一截挖地下废弃铁管了。

梦境当天，梦者在老旧小屋居家隔离，上厕所时，映入眼帘的便是锈迹斑斑的铁管，于是梦境里就出现了铁管的场景。可谓：日有所见，夜有所梦。

2. 参与暗访的梦

文先生做了个梦，梦见自己和其他几位记者一起去暗访。醒来后，文先生觉得这个梦很怪异：文先生一不是记者，二没有参与过记者暗访工作。

【梦境】

接通知，自己和其他几位记者分成几路，暗访市内二级以上医院的值守及发热门诊的开放情况，形成暗访报告，在报纸上登载。被点名批评的有几家医院，也有些医院做得比较好的。报告中有一段，专门肯定了一家专科医院的管理实效。

【梦的分析】

梳理一下梦者文先生曾经所历所见所闻。

（1）从高中时期开始，梦者利用寒暑假，到全国部分乡村，了解基础教育和医疗卫生状况。

（2）梦者有位高中同学，大学毕业后从事记者工作。听这位记者同学说过，他们有时会兵分几路明察暗访，然后形成报告，需要时，会将报告的内容在报纸上登载。报告中，会弘扬一些好的典型，也会批评一些不好的人和事。

（3）最近，从媒体上了解到，患者到医院就诊，医院大门口会查看有关证明，对没有证明的，边接诊边补查。卫生行政部门要求二级以上医院发热门诊应开尽开，有条件的社区卫生服务中心也要开设发热诊室。

（4）梦者所在城市，有一家心脏专科医院，服务和技术堪称双优，在百姓中有着良好的口碑，经常受到媒体称赞。

一番梳理后，该梦境是梦者曾经所历所见所闻的拼凑，梦境中将当记者的高中同学的职场经历，拼成梦者自己参与记者调查了。

近一周来，人群中感冒发烧者较多，医院就医、发热门诊是关注度较高的字眼，于是梦境里就出现了医院，出现了发热门诊。可谓：日有所思，夜有所梦。

3. 裤子裂开的梦

喻先生做了个梦，梦见陪伴自己很久的那条裤子裂开了。醒来后，喻先生觉得这个梦有些蹊跷：因为现实中那条裤子陪伴了喻先生几年，依旧完好无损，没有任何地方开线。

【梦境】

起来穿裤子，用脚一蹬，听到"咔嚓"一声，一瞅，裤子口袋处的裤缝开线了，露出一个豁口。这条裤子陪伴自己有几年了，很有感情的，得找来针线将豁口缝补起来。

【梦的分析】

梳理一下梦者喻先生曾经所历所见所闻。

（1）从小到大，有过多次裤子炸线裂开的经历。穿裤子时，用脚一蹬，听到"咔嚓"一声，低头一看，裤子开线了，留下了豁口。得空时，赶紧找来针线缝补起来，否则不利于保暖，也有损形象。

（2）小时候，有踢被子的习惯。踢着踢着，原本就不够结实的被套，被踢出了个豁口。第二天晚上睡觉，豁口没了，是母亲缝补上了。

（3）一条裤子穿了有几年了。时至今日，自己对那条裤子很有
感情。

一番梳理后，该梦境是梦者曾经所历所见所闻的拼凑，梦境中
将曾经出现过裤子开线的场景，与几年来一直穿着的那条裤子拼凑
在一起了。

这几天发烧，在父母亲的老房子里休息，盖的是一床厚被子，
那被套被母亲补了又补，晚上一不小心自己将被套蹬了几次，早上
一看，有个豁口，于是梦境里就出现了豁口。可谓：日有所历，夜
有所梦。

4. 做糍粑鱼的梦

肖先生做了个梦，梦见草鱼和胖头鱼的肚皮被剖开了，居然还
在水里游荡。醒来后，肖先生觉得这个梦很怪异：现实中肖先生从
未见过被开膛破肚过的草鱼、胖头鱼能在水里游荡的。

【梦境】

水沟里游荡着好多大鱼啊，用手抓起两条，一条是草鱼，一条
是胖头鱼，肚皮都是被剖开了的，鱼肠子等内脏还在里面。我把两
条鱼的内脏掏出来，想着将鱼肠子、鱼肝、鱼鳔洗干净后，合在一
起烧豆腐吃。两条鱼腌制一下，晒成半干，做糍粑鱼吃。

【梦的分析】

梳理一下梦者肖先生曾经所历所见所闻。

（1）小时候，梦者有过到水沟里捕鱼的经历。

（2）长大后，在公园里，看见成群结队的大锦鲤，借助水沟，

从一个池子游向另一个池子。

（3）成年后，经常去菜市场买鱼，多数时候买草鱼，偶尔也买胖头鱼。买到大一点的鱼时，请卖鱼的师傅将鱼内脏留在剖开了的鱼肚里面，带回家。鱼内脏处理干净后，合着豆腐一起烧着吃。将鱼剁成块，腌制，晾晒一下后，做糍粑鱼吃。

（4）听长辈们讲过，自己也亲身经历过：财鱼被剖肚后，一不留神会溜进水里，还能游荡起来。

一番梳理后，该梦境是梦者曾经所历所见所闻的拼凑，梦境中将剖肚财鱼能在水里游荡的场景，错拼成剖肚草鱼、胖头鱼在水里游荡了。

该梦境前一天白天，梦者饭后在小区遛弯时，看到一些居民将剖好、腌制好的大鱼晾晒在阳台上，于是梦境里就出现了剖肚鱼。可谓：日有所见，夜有所梦。

5. 睡过了点的梦

林先生做了个梦，梦见自己担任监考老师，在监考那天睡过了点。醒来后，林先生觉得这个梦很蹊跷：因为现实中林先生从未担任过监考老师。

【梦境】

一次考试中，作为监考老师的我，应该在9点到9点15分有个简短的考前说明。我一觉睡到了9点5分，刘校长过来将我拍醒，将考前说明的文字稿子递给我，说："时间不够了，你自由发挥几句，讲清楚便可以了，然后按点开考。"我说："那我就应景，讲几句有关流感预防方面的话。"

【梦的分析】

梳理一下梦者林先生曾经所历所见所闻。

（1）初中时，教室被临时征用作为高考考场。考试结束后，监考老师在讲台上留下的打油诗中那句"李胡二督师，奉命察理二"（意思是：李老师和胡老师两位监考者，按要求来监考理科第二考场），给梦者留下了深刻印象，梦者当时觉得能有机会当监考老师是很厉害的。

（2）参加过多次大大小小的考试，考试前，监考老师会宣读一个考试说明。

（3）学生时代和工作以后，有那么两三次早上睡过了点。

（4）高中期间，有位室友非常友善，每天早上定时拍醒同学们。高中时期的几位校长中，有位姓刘。

（5）工作后，参加过职工大会。遇到时间比较紧张的时候，会议主持人，就不按照预先准备好的稿子说了，而是即兴发挥，说几句应景的话，缩短会议时间。

（6）做这个梦的前一段时间，流感比较流行，预防流感是大家比较关注的话题。

一番梳理后，该梦境是梦者曾经所历所见所闻的拼凑，梦境中将初中就读时期老师监考高考考场的场景，错拼成梦者去监考了。

该梦境前一段时间，流感患者较多，于是梦境里就出现了预防流感的应景讲话。可谓：日有所忧，夜有所梦。

6. 餐馆小聚的梦

屈先生做了个梦，梦见在一处农家乐为同事送行。醒来后，屈先生觉得这个梦境很蹊跷：屈先生参加工作 20 多年，经历过十几位同事调离，但从未在农家乐为同事送行过。

【梦境】

有位同事将调离到其他单位，十几位要好的同事为他送行，地点选择在农家乐的一楼。菜品比较丰富，大家刚吃了个半饱，就被催促着要离开。离开前，我从餐桌上抓了个馒头在手上，边走边吃。

【梦的分析】

梳理一下梦者屈先生曾经所历所见所闻。

（1）工作以来，经历过十几位同事调离，大家 AA 制，为调离者送行的场景仍历历在目：选择市内餐馆，大家一起吃个饭，说说话。

（2）节假日，与家人、同学郊游，在附近的农家乐吃过几次饭。一般选择只有几张桌子的一楼，食材比较新鲜，有时菜品还比较丰富。

（3）梦者有过民兵训练经历，每年会有一次集训。集训期间，大家集中用餐，到点就被催促着离开饭桌。有时只吃了个半饱，就从餐桌上抓个馒头在手，边走边吃。

一番梳理后，该梦境是梦者曾经所历所见所闻的拼凑，梦境中将与家人、同学郊游时去农家乐用餐的场景，错拼成在农家乐为调离同事送行了。

该梦境前一周，梦者在医院照顾住院的老父亲，一日三餐凑合着对付，于是梦境里就出现了只吃了个半饱的场景。可谓：日有所历，夜有所梦。

7. 抄网捞鱼的梦

温先生做了个梦，梦见自己用抄网捞鱼。醒来后，温先生觉得这个梦很怪异：因为现实中温先生从未有过用抄网到水渠里专捞刁子鱼的经历。

【梦境】

雨后，路过一水渠旁的水泥路。一些鱼儿从水渠里蹦跶到水泥路上了，赶紧用手捉住，大约捉住了六七条鱼，有草鱼、白鲢、刁子鱼，每条重一斤左右。往水渠里看，好多鱼啊，鱼儿露出嘴唇，张大嘴巴哈气。将身边的抄网取下来，对着鱼头，将鱼捞出水面。因为鱼比较多，只选择刁子鱼捞，老婆喜欢吃刁子鱼，捞了七八条刁子鱼。

【梦的分析】

梳理一下梦者温先生曾经所历所见所闻。

（1）初中阶段，每年去学校农场学农两次。有一年学农的路上，有鱼儿蹦跶到路面上，赶紧捉住了，送给了农场值守的师傅。

（2）大学在省城就读，每年寒暑假乘坐客运班车往返于县城与省城的路上，路边是长长的水渠，从长江引水灌溉农田。

（3）高中以前，一直生活在乡村，用抄网去水塘里、水渠里捞鱼，是常有的事。运气好的时候，能捞到一斤重左右的草鱼、白鲢、刁子鱼。抄网捞鱼，要对着鱼头，这样成功率比较高。

（4）成家后，居家过日子，买鱼的时候多于买肉的时候。妻子喜欢吃刁子鱼，能买到刁子鱼的时候就尽量买刁子鱼。

一番梳理后，该梦境是梦者曾经所历所见所闻的拼凑，梦境中将去菜场挑选刁子鱼的场景，错拼成在水渠里专捞刁子鱼了。

该梦境前，刚过冬至，人们纷纷腌鱼腌肉，为春节做准备，于是梦境里就出现捞鱼的场景。可谓：日有所历，夜有所梦。

8. 办公场所的梦

陈先生做了个梦，梦见大学同学的办公场所很狭小，只有三四平方米大。醒来后，陈先生觉得这个梦境很蹊跷：现实中陈先生去过一些同学同事的办公室，从未见过只有三四平方米大的谈话间、办公间、休息间。

【梦境】

大学同学邀请我去他新的办公室坐坐。进门第一间是小谈话间，有一张茶几、两个凳子，面积三四平方米。第二间是办公间，放置了一张办公桌、一把凳子，面积三四平方米。第三间是休息间，有一张折叠床，面积三四平方米。三间像一个个鸽子笼，加起来面积也就十一二平方米。

【梦的分析】

梳理一下梦者陈先生曾经所历所见所闻。

（1）受高中同学、大学同学、岗位轮转后的同事之邀，陈先生去过一些办公室。有位大学同学是民营企业老总，他的办公室是三位一体。进门第一间是谈话间，有红木茶几、凳子，面积有三四十平方米。第二间是办公间，放置了老板桌、360度转椅，面积三四十平方米。第三间是休息间，有午间休息床、洗漱处，面积十几平方米。

（2）工作后，一些同事在有限的办公区域，添置了小折叠床或折叠椅，用于午间短暂休息，或晚上加班后在办公室里休息。

（3）现在居住地，隔壁家住着一家三口，30多岁的夫妻俩和一个七八岁大的儿子。总建筑面积45平方米的家，被他们装修成两室一厅一厨一卫，非常紧致，最小的一室，面积只有三四平方米。

　　一番梳理后，该梦境是梦者曾经所历所见所闻的拼凑，梦境中将隔壁家小三口那三四平方米的小间，与民营企业老总的三位一体办公室拼凑在一起了。

　　最近，一位同事轮岗到其他单位，邀请这些老同事得空时去他新的办公地方看看，于是梦者的梦境里就出现了去新的办公室看看的场景。可谓：日有所历，夜有所梦。

9. 桥上跳舞的梦

　　徐女士做了个梦，梦见有人在铁桥上跳民族舞。醒来后，徐女士觉得很蹊跷：现实中徐女士从未看见有人在铁桥端头的小平台上跳民族舞的。

【梦境】

　　在一座铁桥的端头，有一个原本供人上下的通道。通道被铁栅栏锁住了，留下半平方米大小的小平台。一位有着张艺谋式脸形，四五十岁年龄的汉子，在这小平台上即兴跳起了有弹簧腿美称的民族舞。经过铁桥的行人，为这位汉子赏心悦目的舞蹈纷纷驻足，同时担心汉子的安全，怕汉子跌落下去。

【梦的分析】

　　梳理一下梦者徐女士曾经所历所见所闻。

　　（1）看见过一些桥梁的端头，原本是下行匝道，出于某些原因被铁栅栏锁住了，下行匝道成了盲端，留下小块平台。有锻炼者利用这小小平台做深呼吸或拉伸运动，甚至跳起单人舞。

　　（2）梦者生活的城市，有着万里长江第一桥——武汉长江大桥，它是 20 世纪 50 年代中苏友谊的见证，是一座公路铁路两用的铁桥，每天上下班都能看见它、经过它。

（3）看过张艺谋导演的电影《红高粱》《秋菊打官司》《山楂树之恋》等，也看过一些介绍张艺谋的文章，文章中的配图多是张艺谋四五十岁时的照片，对张艺谋的脸形记忆较深。

（4）最近一段时间，临睡前刷手机，经常看见民族舞的视频。民族舞那美妙的伴奏音乐，男性舞者那标志性的弹簧腿，赏心悦目。

（5）本地媒体报道过，有一位练习平衡技能的人，居然脚踩武汉长江大桥的栏杆，从端头出发，向江中心方向行走。经过桥面的行人纷纷驻足，惊叹他的胆识与平衡技能，同时也为他的安全担心。

一番梳理后，该梦境是梦者曾经所历所见所闻的拼凑，梦境中将武汉长江大桥上有人在栏杆上走平衡木的场景，错拼成有人在铁桥端头的小平台上跳民族舞了。

最近一段时间，临睡前刷手机，经常看见民族舞，于是梦境里就出现了民族舞的场景。可谓：日有所见，夜有所梦。

10. 孩子顽劣的梦

丛先生做了个梦，梦中丛先生的孩子顽劣，在学校经常惹事。醒来后，丛先生觉得这个梦境蹊跷怪异：因为现实中丛先生的孩子很乖巧，从不惹事。

【梦境】

忙于上班，疏于对孩子的关心，很少与孩子交流。孩子变得顽劣起来，在学校三天两头惹事，被学生家长投诉。回到家里，对大人不理不睬。这哪是从前那个乖巧听话的孩子啊，大人急啊。

【梦的分析】

梳理一下梦者丛先生曾经所历所见所闻。

（1）作为学生家长，孩子小学时，只要没有特别情况，就坚持送孩子上学，接孩子回家。在等待孩子放学过程中，在参加家长会时，与一些学生家长渐渐熟悉，了解到一些学生家长的情况，知晓一些学生的状况。有的家长忙于上班，疏于对孩子的关心，很少与孩子沟通交流。有的孩子原本乖巧听话，后来渐渐顽劣，在学校三天两头惹事，被学生家长投诉。有的学生回到家里，对大人不理不睬。

（2）工作之余，同事们会谈论起孩子和孩子教育问题，有的同事因为孩子性格顽劣而着急。

（3）一个星期前，有位同事花了半个小时，谈起他那上初中的孩子。小学时那孩子还听老师和家长的话，初中后，那孩子开始迷恋网游，经常逃学去网吧。家长管教时，和家长顶嘴，叛逆心较强。那位同事很着急，求助有没有什么好的教育办法，让孩子不再顽劣。

一番梳理后，该梦境是梦者曾经所历所见所闻的拼凑，梦境中将散养式教育的家长和顽劣学生的场景，拼在梦者和梦者孩子身上了。

一周前，同事为他那逃学去网吧的孩子着急，求助教育方法，于是丛先生的梦境里就出现了孩子不让家长省心的场景。可谓：日有所历，夜有所梦。

11. 同事倒下的梦

在医院挂号室工作的小程做了个梦，梦见挂号室一位同事突然倒下，抢救无效去世了。醒来后，小程觉得这个梦境很怪异：挂号室同事都是二三十岁的年轻人，身体不错，这些年来没有谁倒在岗位上。

【梦境】

挂号室同事，当班时突然倒在椅子上。旁边同事赶紧把她放平，摸颈动脉。其他同事赶紧到 50 米处的急诊室呼唤医生。急诊医生将病人紧急送往急诊室抢救，半小时后，急诊医生说，没救了。

【梦的分析】

梳理一下梦者小程曾经所历所见所闻。

（1）所在医院挂号室，旁边 50 米左右就是急诊科。

（2）从媒体上看到过，有人当班时突然倒在椅子上，旁边的同事赶紧帮忙将病人放平，摸颈动脉，其他同事赶紧联系 120 救护车，将病人送往医院急诊科抢救。

（3）在多家医院急诊科看到过这样的场景，急诊医生全力抢救病人，心肺复苏半小时左右后，急诊医生无奈地摇摇头，对送医人员说，没救了。

（4）10 天前，梦者所在医院一位科主任病危，抢救无效后去世了。

一番梳理后，该梦境是梦者曾经所历所见所闻的拼凑，梦境中将媒体上看到的有人当班时突然歪倒在椅子上的场景，与医院挂号室同事拼凑在一起了。

最近，所在医院一位科主任病危，抢救无效去世，于是梦里就出现了抢救病人的场景。可谓：日有所历，夜有所梦。

12. 自缢身亡的梦

老季 2023 年正月初一清晨做了个梦，边做梦边在被子里呜咽。

被妻子拍醒后，老季将梦境讲给妻子听。老父亲 10 多年前在医院病逝了，梦中怎么就出现了老父亲自缢身亡呢，老季觉得这个梦境很怪异。

【梦境】

自己的房子在步梯房的五楼。正往楼上走，走到四层半时，发现老父亲自缢在楼梯栏杆上。赶紧给兄长打电话，要兄长赶过来。

【梦的分析】

梳理一下梦者老季曾经所历所见所闻。

（1）10 年前，老季居住在老旧小区一幢步梯房的五楼。那时回家，从一楼走到五楼，中间的半层地方有铁栏杆。

（2）老季的父亲 10 多年前在医院病逝了。

（3）老季工作的这家公司，30 年来发生过员工家属自缢身亡的事，老季去过现场帮忙处理后事，见过那不堪回忆的场景。

（4）老季的母亲 80 岁后，记忆力大不如从前，出门买菜有时忘了回家的路，这样的情形出现过 3 次。发现老母亲走失后，老季会第一时间给兄长打电话，请兄长赶紧过来，一起想办法找回老母亲。

（5）老季的老母亲两个月前病逝了，老季还处于悲伤、思念中。

一番梳理后，该梦境是梦者曾经所历所见所闻的拼凑，梦境中将公司员工家属自缢身亡的场景，拼凑到 10 多年前就病逝了的老父亲身上了。

两个月前，梦者的老母亲病逝了，于是梦境里就出现了老人去世的场景。可谓：日有所历所思，夜有所梦。

13. 遇见矮人的梦

黎女士做了个梦，梦见自己的腿上坐着小矮人。醒来后，黎女士觉得这个梦境很怪异：现实中，从未有过小矮人坐在黎女士腿上的场景。

【梦境】

下午，七八位青年男女，在办公楼一角，架着手机，拍摄自编自导的剧目。看了他们一会儿，我准备离开。其中一位青年女性过来，说有话跟我讲。她身高不到一米，我蹲下身来，让她坐在我的左腿上。她贴着我的耳朵，说："你为啥准备离开我们这家公司，去另一家公司啊？"我回答她："我住的地方离现在的公司太远了，每天上下班单程得两个半小时左右。"

【梦的分析】

梳理一下梦者黎女士曾经所历所见所闻。

（1）在大学校园等场所，看见过七八位青年男女，在办公楼或教学楼一角，架着手机，拍摄自编自导的节目，引来行人驻足观看。

（2）看过白雪公主与七个小矮人的童话，生活中也见过身高只有一米左右的男女。

（3）孩子童年时，身高不到一米。那时作为家长的自己，有时会蹲下身体，让孩子坐在自己的腿上。孩子呢，会贴着家长的耳朵说着悄悄话。

（4）在目前这家公司上班有 6 年多时间了，因为离家远，梦者上下班单程得花上两个半小时左右。未来两三天，梦者将去另一家公司上班，今后花在上下班路途上的时间要少一些。

（5）这家公司有些同事关心梦者，问梦者为啥离开现在的公司，梦者谢谢同事关心，也告诉同事自己更换公司的原因。

一番梳理后，该梦境是梦者曾经所历所见所闻的拼凑，梦境中将孩子小时候坐在家长腿上，在家长耳畔私语的场景，与看见过的小矮人拼凑在一起了。

还有过两三天，梦者将去另一家公司谋生，于是梦里就出现了有人询问梦者为啥更换公司的场景。可谓：日有所历，夜有所梦。

14. 脚底脓疱的梦

刘先生做了个梦，梦见自己脚底有个大脓疱。醒来后，刘先生觉得这个梦很怪异：自己脚底从未有过脓疱，更没有出现过脓液溅在脸上的情况。

【梦境】

左脚脚底后部，似乎长了个什么东西，有些疼，影响走路。脱下袜子看了看，疼痛处是个脓疱，脓疱已经成熟，还裂开了一个口子。左右手一起用力挤脓疱，里面的脓液喷溅出来，有些还溅在我的脸上，脓液真多啊。

【梦的分析】

梳理一下梦者刘先生曾经所历所见所闻。

（1）3 年前，梦者左脚脚底后部疼痛，影响走路。到医院拍了个片子，医生诊断是骨刺。

（2）高中住校期间，一个冬季难得洗一次澡。高一下学期，臀部长了个大疖疮。疖疮破裂后，左右手一起发力，挤出了很多脓液。

（3）工作后，喝碳酸饮料前，拧开瓶盖，一不小心，瓶里的饮料喷洒出来，溅了自己一脸。

一番梳理后，该梦境是梦者曾经所历所见所闻的拼凑，梦境中将梦者近期脚底疼痛、高中时患上疖疮、工作后开启碳酸饮料瓶等场景，拼凑在一起了。

梦境前几天，梦者的右膝盖骨刺明显，影响到走路了，于是梦里就出现了走路疼痛的场景。可谓：日有所历，夜有所梦。

15. 公招公考的梦

老秦做了个梦，梦见同事老刘的女儿研究生毕业后，公招到发改委工作。醒来后，老秦觉得这个梦有些蹊跷：老刘的女儿是在香港特区读的研究生，毕业后就地找的工作，压根就没有回到内地发改委工作啊。

【梦境】

同事老刘的女儿研究生毕业了，通过公招，被招录到发改委工作，我和其他同事纷纷祝贺老刘，说他的女儿读书牛，找到的工作好。

【梦的分析】

梳理一下梦者老秦曾经所历所见所闻。

（1）老刘是梦者多年的同事。老刘的女儿学习自律，高中时期成绩优异，高考时被香港特区的大学录取，本科毕业后又继续完成了研究生学业，然后在香港特区找到了一份工作。

（2）梦者的另一位同事老沈，高中毕业后作为城市知青，下乡到天门5年。在天门期间，老沈和房东的儿子比较要好。房东的儿子很喜欢读书，1977年恢复高考后考取了一所著名大学的经济学专业，毕业后直接分配到了国家计划委员会（国家发改委的前身）。

（3）这些年，能进入政府机关工作的毕业生，都是公招公考中的佼佼者。

　　一番梳理后，该梦境是梦者曾经所历所见所闻的拼凑，梦境中将同事老刘的女儿很会读书，同事老沈下乡期间房东的儿子大学毕业后去了国家机关，这些年毕业生去国家机关逢进必考等场景，拼凑在一起了。

　　梦境前几天，梦者研究生毕业的儿子正在准备公招公考，于是梦里就出现了公招的场景。可谓：日有所忧，夜有所梦。

16. 冲洗肛门的梦

　　老杜做了个梦，梦见自己可能痔疮发作了。醒来后，老杜觉得这个梦很蹊跷：自己压根没有痔疮。

　　【梦境】

　　自己最近排便不畅，肛门疼痛，应该是痔疮发作了。同事老高对我说："有条件的话，你在家里设置一个温水冲洗池。大便后，不要用手纸擦拭，改用温水冲洗。国外有些国家，人们改用温水冲洗肛门后，痔疮率大大降低了。"

　　【梦的分析】

　　梳理一下梦者老杜曾经所历所见所闻。

　　（1）上周，女儿来电话说，她最近排便不畅，肛门疼痛，估计是痔疮发作了，想去肛肠医院看看医生，情况严重的话，可能得住院接受手术治疗。

　　（2）一年前，住房被拆迁，拿着拆迁款，加了点钱，在离原住地 10 分钟路程的地方买了套二手房。二手房的原房主是个讲究人，在卫生间安了温水冲洗池，说是可以预防痔疮。

　　（3）从网上得知，国外有些地方，人们大便后不是用手纸擦拭，而是用温水冲洗肛门。有文章称，温水冲洗肛门可以降低痔疮发生率。

（4）老高是梦者的同事、好朋友，平时和梦者交流较多。

一番梳理后，该梦境是梦者曾经所历所见所闻的拼凑，梦境中将女儿想去肛肠医院看医生，二手房原房主在家里安装了温水冲洗池，国外有人改用温水冲洗肛门等场景，拼凑在一起了。

梦境前一周，梦者的女儿肛门疼痛，于是梦里就出现了温水冲洗肛门的场景。可谓：日有所忧，夜有所梦。

17. 汗湿衣服的梦

张先生做了个梦，梦见3岁大的孙女玩耍后，汗水湿透了前胸后背。醒来后，张先生觉得这个梦有些蹊跷：他的孙女从未湿透过衣服。

【梦境】

3岁大的孙女出门玩耍一阵子后回家了。我一瞅，她额头上好多汗滴。解开她的外套一看，内衣的前胸后背全是湿的。赶紧找来干净的上衣，帮她换掉湿衣服。

【梦的分析】

梳理一下梦者张先生曾经所历所见所闻。

（1）3岁大的孙女，只要天气不下雨，就吵闹着出门玩耍。即使是地面上的几根小枯枝，在她手里也能兴致勃勃地玩上半小时。不过，孙女最喜欢的还是在没有机动车的小路上奔跑，自己喊着"预备，跑"，就奋力奔跑二三十米远。停歇半分钟后，又是一轮自己喊口号，自己奔跑。当爷爷奶奶的张先生和老伴儿，怕她汗湿了衣服，出门时总要带条小毛巾帮她隔汗。

（2）50年前，张先生的乡村小伙伴们，为了生活，课外时间会帮家里干些力所能及的活儿，譬如上山砍柴，下河摸鱼，门前屋后捡拾猪粪。一两个小时下来，额头上挂满了汗珠，前胸后背全湿透了。回到家里，家长会叮嘱村童们赶紧脱掉湿衣服，换上干爽衣服。

一番梳理后，该梦境是梦者曾经所历所见所闻的拼凑，梦境中梦者将自己孩童时汗水湿透衣背的场景，与孙女玩耍时的场景，拼凑在一起了。

该梦境前几天，一些儿童感冒发烧后去医院求医，于是梦里就出现了呵护小孩子的场景。可谓：日有所忧，夜有所梦。

18. 仰视老板的梦

牛先生做了个梦，梦里老陈、老黄和老杨成了自己所在公司的3任董事长。醒来后，牛先生觉得这个梦很蹊跷：老杨是自己所在公司的董事长不假，但老陈和老黄是另外两家公司的董事长啊。

【梦境】

老杨是我所在公司现任董事长。我往前盘点了一下，老杨的前任是老黄，老黄的前任是老陈。不盘点不知道，一盘点才发现，从老陈、老黄到老杨，他们都是从另一家大公司调往我所在这家公司的。调任前，他们都是那家大公司的副总。他们都属于能说能写能干的管理者，抑扬顿挫的普通话，一手漂亮的字，一笔好文章，雷厉风行的办事风格。有着这样的董事长，员工们都心悦诚服。

【梦的分析】

梳理一下梦者牛先生曾经所历所见所闻。

（1）今年年初，老杨从集团内最大一家公司的副总，调任目前这家公司的董事长，是老牛的老板。

（2）6年前，老黄从集团内最大的那家公司的副总，调任集团内一家公司的董事长。10年前，老陈从集团内最大的那家公司的副总，调任集团内另一家公司的董事长。

（3）老陈、老黄和老杨，都说得一口抑扬顿挫的普通话，写得一手漂亮的字，文笔都很牛，办事风格也都雷厉风行，属于能说能写能干的管理者，所在公司员工都对他们很佩服。

一番梳理后，该梦境是牛先生曾经所历所见所闻的拼凑，老陈、老黄、老杨先后从集团内最大的那家公司副总位置上，调往集团内其他公司任职董事长的场景，老陈、老黄、老杨能说能写能干的场景，在梦境中与梦者拼凑在一起了。

梦前一个月，老杨调往老牛所在公司担任董事长。能说能写能干的老杨，给公司带来一股清风，公司员工对老杨称赞有加。于是牛先生的梦里就出现了仰视董事长的场景。可谓：日有所历，夜有所梦。

19. 发放绩效的梦

张先生做了个梦，梦见自己和其他几家小公司的办事人员在一起，商量着几家公司合在一起造册，给员工发放绩效。醒来后，张先生觉得这个梦很怪异：自己是政府公职人员，不在公司工作。独立法人的小公司，都是独立核算的，不可能合在一起造册，给员工发放绩效。

【梦境】

几家小公司的办事人员在一起碰面了。其中一家公司的办事人员提议：我们这几家小公司合在一起造册，造册后，将名单交给其中一家公司，这个月的员工绩效由这家公司发放。下个月开始，继续合在一起造册，由另一家公司发放员工绩效。

【梦的分析】

梳理一下梦者张先生曾经所历所见所闻。

（1）张先生在政府部门工作，张先生的一些大学同学在公司上班，一些人还是在只有十几个人的小公司上班。

（2）大学同学聚会时，张先生听同学说起过小公司的经营与管理情况，公司员工的绩效与公司经营的状况以及员工的业绩挂钩。

（3）前3年，张先生和单位同事下沉社区，参与疾病防控工作。一段时间后，不同部门的职工一起造册上报，批复下来后，参与疾病防控的职工可以有一定的防控工作补贴。

一番梳理后，该梦境是张先生曾经所历所见所闻的拼凑。张先生的一些大学同学就职于小公司的场景，小公司给员工发放绩效的场景，张先生和同事们参与疾病防控后，合在一起造册，发放工作补贴的场景等，在梦境中拼凑在一起了。

还有一周时间，在事业单位上班的张先生的妻子，就要领取当月绩效了，张先生两口子合计着，领到绩效后，这个月准备将使用了15年的洗衣机更换了。于是张先生的梦里就出现了发放绩效的场景。可谓：日有所思，夜有所梦。

20. 办学习班的梦

殷先生做了个梦，梦见公司准备开办学习班。醒来后，殷先生觉得这个梦很蹊跷：自己不在公司上班，是个体工商户。

【梦境】

公司准备开办学习班。开班仪式上，主持人说：这次开办学习班的目的是，进一步提升员工对公司发展前景的信心，相信我们公司能闯出一条适合自己的发展路径，让公司越来越兴旺，让员工的获得感、幸福感、安全感越来越高。

【梦的分析】

梳理一下梦者殷先生曾经所历所见所闻。

（1）殷先生是个体工商户，做点小生意。

（2）殷先生的一些初中、高中同学在公司上班。同学聚会时，殷先生听说过一些大型公司会定期举办学习班，来提高员工素质，提升员工对公司发展前景的信心。

（3）从电影、电视、视频等媒体上，殷先生看到过公司学习班开班仪式的场景：主持人先说话，强调学习班对于提振员工信心，探索公司发展路径，提高员工获得感、幸福感、事业感的重要性。

一番梳理后，该梦境是殷先生曾经所历所见所闻的拼凑，殷先生的一些初高中同学在公司上班，一些大型公司定期举办学习班的场景，殷先生从媒体上看到的学习班开班仪式上，主持人强调学习班重要性的场景等，在梦境中与梦者拼凑在一起了。

梦境前几天，殷先生刷手机时，频频出现公司举办学习班的新闻，于是殷先生的梦里就出现了公司开办学习班的场景。可谓：日有所历，夜有所梦。

21. 闷头抽烟的梦

赵先生做了个梦，梦见八旬老父亲坐在床边闷头抽烟。醒来后，赵先生觉得不可思议：老父亲从来不抽烟，梦里的老父亲怎么就抽起烟来了呢？

【梦境】

走进老父亲的房间，看见老父亲坐在床边，右手拿着一支点燃的香烟。床头柜上有一个水杯，里面有两个烟头。我问父亲："您不抽烟的，怎么抽起烟来了啊？您是不是有什么不舒服的，要不要我带您去医院看看？要抽烟的话，您注意烟头别碰着枕头、床单和被子。"

【梦的分析】

梳理一下梦者赵先生曾经所历所见所闻。

（1）3年前，赵先生的母亲去世了。赵先生将父亲接到身边，方便自己和妻子照顾老人。

（2）这3年，赵先生下班回家后，得空就去老父亲房间看看，和老父亲说说话，聊聊天。看见老父亲精神状态不好时，就问询一下老父亲身体有无不舒服，需不需要去医院看看。

（3）老父亲的生活比较规律，天气晴好时，在小区公共健身区拉伸一下腰腿，回家后看看电视，临睡前在床边坐半小时。

（4）老父亲房间的床头柜上，有一个喝水杯，一个小闹钟，一对健身球。

（5）赵先生看见身边抽烟的同事，找不到烟缸时，就临时找个水杯替代。

（6）赵先生看见过有同事心情不太好时，就闷头抽烟。

（7）赵先生从消防宣教片上，看到有人在床边甚至床上抽烟，引燃了枕头、床单和被子，引发火灾。

一番梳理后，该梦境是赵先生曾经所历所见所闻的拼凑，赵先生和妻子照顾老父亲的场景，赵先生下班后和老父亲唠嗑的场景，老父亲房间的床头柜上有个水杯的场景，赵先生的同事找不到烟缸时，用水杯临时替代的场景，赵先生的同事心情不好时闷头抽烟的场景，消防宣教片上看到的床边抽烟可能引发火灾的场景等，在梦境中与梦者拼凑在一起了。

梦境前几天，老父亲有些不开心，于是赵先生的梦里就出现了老父亲在床边闷闷不乐的场景。可谓：日有所忧，夜有所梦。

22. 同性相恋的梦

李先生做了个梦，梦见他曾经的同事和室友马总居然是同性恋者。醒来后，李先生觉得这个梦太荒唐、太怪异：马总下海经商 5 年，一直洁身自好，对妻子对孩子对老人都尽心尽责。

【梦境】

老同事离开原单位，5 年后发达了，成了马总。这天，马总来到我的单身宿舍，直接奔向我的铺位，脱鞋后躺在床上。我准备离开单身宿舍时，老马对我说："你帮我将房门关上，然后出去找一位GAY 到我这里来。"

【梦的分析】

梳理一下梦者李先生曾经所历所见所闻。

（1）李先生刚参加工作时，与老马是同事。他俩家在外地，单位为他俩在单位集体宿舍安排了铺位，老马既在自己的铺位上休息，有时也在李先生的铺位上坐一坐、躺一躺。

（2）在体制内单位工作十几年后，老马辞职下海。经营 5 年后，老马成了马总，生意做得还不错。

（3）李先生从媒体上了解到，少数发达后的老总有出轨的行为。

（4）李先生从媒体上了解到，有人性取向不同于常人，他们喜欢同性，成了同性恋者。

一番梳理后，该梦境是李先生曾经所历所见所闻的拼凑，李先生与老马曾经在单位集体宿舍生活的场景，老马辞职下海，生意做得还不错的场景，李先生从媒体上了解到少数发达后的老总有找失足女子的场景，有人性取向不同于常人，成了同性恋者的场景等，在梦境中与梦者拼凑在一起了。

梦境前几天，李先生从媒体上看到，一位长期从事社会学研究的学者，居然是同性恋者，于是李先生的梦里就出现了同性恋的场景。可谓：日有所见，夜有所梦。

23. 接送小孩的梦

孙先生做了个梦，梦见老母亲帮忙接送上幼儿园的小孩。醒来后，孙先生觉得纳闷儿：老母亲去世都快 3 年了，怎么可能接送小孩呢？

【梦境】

80 多岁的老母亲和其他家长一样，要帮忙打扫完幼儿园教室里的卫生，包括抹窗户玻璃啊，清洁日光灯管啊之类，然后才能带着小孩回家。回到家后，老母亲衣服早已湿透，自言自语道：年龄大了，确实吃不消，做不来（接送小孩的事情）了。

【梦的分析】

梳理一下梦者孙先生曾经所历所见所闻。

（1）老母亲在世时，帮梦者接送孩子往返学校。那时，小学教室里的清洁卫生需要家长帮忙打扫，特别是擦窗户玻璃、清洁日光灯管之类。三四十岁的家长都有些吃力，年龄更大一些的家长就有些吃不消，一次清洁下来，常常是汗水湿透衣背。

（2）梦境前一天，梦者的孙女已经在幼儿园报名，即将开始幼儿园生活。

一番梳理后，该梦境是梦者曾经所历所见所闻的拼凑。老母亲曾经帮忙接送孩子的场景，老母亲帮忙打扫教室卫生的场景，梦者的孙女即将开始幼儿园生活的场景等，在梦境中拼凑在一起了。

梦境当天，是梦者的生日，"儿的生日，娘的苦日"，于是晚上的梦境中便梦到了自己的老母亲。可谓：日有所思，夜有所梦。

24. 吹拉弹唱的梦

包先生做了个梦，梦见所在公司的同事李清泉弹着吉他，殷国红敲着大鼓，另一家公司的穆连春和着吉他声和打鼓的节奏，不惜力气地演唱着。醒来后，包先生觉得这个梦境很蹊跷：李清泉从不弹吉他，殷国红不会敲大鼓，穆连春更是五音不全、不会唱歌的啊。

【梦境】

运动场内，现公司的同事李清泉弹着吉他，殷国红敲着大鼓，另一家公司的穆连春和着吉他声和打鼓的节奏，不惜力气地演唱着。现公司其他几十名同事组成观众方队，陆陆续续进入运动场。运动场将要举行一场活动，庆祝某个大会的召开。

【梦的分析】

梳理一下梦者包先生曾经所历所见所闻。

（1）李清泉、殷国红是梦者现公司的同事，穆连春是另一家公司的员工。

（2）梦者从电影电视网络等媒体上看见过，乐手或弹着吉他或敲着大鼓，歌手和着吉他声和打鼓的节奏，不惜力气地演唱的场景。

（3）梦者从电影电视网络等媒体上看见过，在运动场内举办庆祝大会时，观众席上有一个个方队，每个方队由几十人组成。

（4）梦境前两天，梦者所在公司举办团建活动，在音乐声中，同事们分列成 4 个方队，每个方队几十人。

一番梳理后，该梦境是梦者曾经所历所见所闻的拼凑。梦者从电影电视网络等媒体上看见过，乐手或弹着吉他或敲着大鼓，歌手和着吉他声和打鼓的节奏，不惜力气地演唱的场景，与现公司的同事李清泉、殷国红，另一家公司员工穆连春拼凑在一起了。

梦境前两天，包先生所在公司举办团建活动，几十位同事一个方队，于是梦境里就有了几十位同事在一起的场景。可谓：日有所历，夜有所梦。

25. 收入不高的梦

曾先生做了个梦，梦见同事老关跳槽后收入下降，有些不高兴。醒来后，曾先生觉得该梦境蹊跷：老关跳槽后，收入有所增加啊，梦境里怎么收入下降，有些不高兴呢？

【梦境】

同事老关跳槽到一家新单位，去了一个月后，遇见我，说道："和原单位相比，新单位收入不高，我只有原单位收入的一半左右。"

【梦的分析】

梳理一下梦者曾先生曾经所历所见所闻。

（1）老关是梦者的一位朋友，交往有 30 多年了，彼此见面时会互通信息，互致问候。

（2）前不久老关从一家单位跳槽到另一家单位了，收入增加了一些。

（3）梦者的另一位朋友老王，因为工作调动，从一家收入不错的单位到了一家收入不高的单位。在新单位的收入只有在原单位收入的一半左右，老王为此颇有微词。

一番梳理后，该梦境是梦者曾经所历所见所闻的拼凑，梦者的朋友老王从一家单位调动到另一家单位后，收入下降了一半左右的场景，与梦者的朋友老关跳槽到另一家单位的场景，在梦境中拼凑在一起了。

最近，梦者身边的一些朋友，时不时谈论起各自的收入情况，收入下降的朋友心生无奈。于是，梦者的梦境里就有了收入下降的场景。可谓：日有所历，夜有所梦。

26. 同学到访的梦

李先生做了个梦，梦见自己在家里上厕所时，大学同学闯进来了，自己很是尴尬。醒来后，李先生觉得这个梦很怪异：自己在家上厕所时，都是关着门的，从来没有外人进来过。

【梦境】

正在家里上厕所，大学时最要好的同学宝祥来访了。家里大门敞开着，宝祥直接走进我家，一眼瞅见了正在上厕所的我。我赶紧擦拭后起身，厕所还来不及冲洗，很不好意思。

【梦的分析】

梳理一下梦者李先生曾经所历所见所闻。

（1）宝祥是梦者大学时期最要好的同学，毕业 20 多年了，两人一直保持联系，相互走动。

（2）梦者家里的厕所是蹲坑，擦拭、起身后，梦者会按下阀门冲洗蹲坑。

（3）初中阶段的一个暑假，梦者在农村老家那种茅厕如厕时，茅厕没有把手，门只能虚掩着，一位内急的大爷闯了进来，梦者当时很尴尬。

一番梳理后，该梦境是梦者曾经所历所见所闻的拼凑。梦者与大学最要好的同学宝祥一直保持联系，相互走动的场景，梦者在现居住房屋厕所蹲坑的场景，梦者初中阶段在乡村茅厕如厕时，一位内急大爷突然闯入的场景等，在梦境中拼凑在一起了。

梦境前两天，梦者和大学最要好的同学宝祥又一次相逢，于是梦境中就出现了宝祥的身影。可谓：日有所历，夜有所梦。

27. 地面湿滑的梦

赵先生做了个梦，梦见自己在湿滑的地面上差点摔倒，险些摔着后脑勺了，好在自己像花样滑冰运动员那样，借助腹肌力量恢复成了直立状态。醒来后，赵先生觉得这个梦很怪异：现实中自己有过十几次因湿滑而摔倒的情况，但从来没有在接近摔倒时，还能像滑冰运动员那样恢复成直立状态。

【梦境】

下了四五个小时的雨暂时停歇了，我出门买菜，突然脚下一滑，我的身体迅速后仰，在接近倒地的那一刻，我居然止住了后仰，上身也借助腹肌力量，恢复成了直立状态。

有惊无险的我，从梦境中惊醒过来。身旁的妻子说："你做梦了吧，你的双腿突然使劲一踹，我看着怪吓人的。"

【梦的分析】

梳理一下梦者赵先生曾经所历所见所闻。

（1）雨后的地面，会比较湿滑，赵先生深有感触。

（2）赵先生是顾家的好男人，下班后买菜做饭是常态。

（3）从小到大，赵先生经历过十几次湿滑摔倒的险情，好在都没有摔着后脑勺。

（4）赵先生从手机短视频上看到过花样滑冰运动员的精彩表演，那些运动员在冰场上身体后仰，在接近倒地的那一刻，借助腹肌力量，很快就将上身恢复成直立状态。俄罗斯有位叫特鲁索娃的花样滑冰运动员，她的蟹步绝技给赵先生留下了深刻印象。

一番梳理后，该梦境是赵先生曾经所历所见所闻的拼凑。赵先生知道雨后的地面往往湿滑，行人容易摔倒的场景，赵先生经常去菜市场的场景，赵先生经历过的摔倒的场景，赵先生从电视上看到的花样滑冰运动员特鲁索娃的蟹步绝技的场景等，在梦境中拼凑在一起了。

在这个梦境中，为了避免上身倒下，赵先生的双腿使劲一踹。梦境中发力，现实中双腿也发力了，以至于吓着身旁的妻子了。

梦境前一天，赵先生刷手机时，看见了特鲁索娃的蟹步绝技，于是梦境里就有了借助腹肌力量恢复成了直立状态的场景。可谓：日有所见，夜有所梦。

28. 结婚对象的梦

杜先生做了个梦，梦见母亲将小屠和小芊两名女子介绍给杜先生，要杜先生从中挑选一位作为结婚对象。醒来后，杜先生觉得这个梦太怪异了：小屠是杜先生的前妻，小芊是杜先生的现任妻子。和小屠离异后，杜先生才认识的小芊。压根就不是从她俩中间选择一位，作为结婚对象的。

【梦境】

母亲将小屠和小芊两名女子介绍给我，要我从中挑选一位作为结婚对象。我左看看，右看看，觉得两位女子各有优点，一时不知道如何选择。

【梦的分析】

梳理一下梦者杜先生曾经所历所见所闻。

（1）小屠是梦者的前妻，小芊是梦者的现任妻子。

（2）在梦者眼中，小屠和小芊各有优点。

（3）梦者是公司部门经理，前年，所在部门从公司新入职员工中补充一名新生力量时，梦者左看右看，一时不知道如何选择。

一番梳理后，该梦境是梦者曾经所历所见所闻的拼凑。小屠和小芊是梦者前妻、现任妻子的场景，梦者对小屠和小芊很熟悉，她俩各有优点的场景，梦者作为部门经理，前年补充新生力量时左看右看，一时不知道如何选择的场景等，在梦境中拼凑在一起了。

最近，梦者所在部门正准备补充新的员工，于是梦境里就出现了一时不知道选择谁的场景。可谓：日有所历，夜有所梦。

29. 打羽毛球的梦

阿兵做了个梦，梦见自己和球友陶先生及他的团队进行了一场羽毛球赛。醒来后，阿兵觉得这个梦很蹊跷：自己和陶先生因羽毛球相识，但从来没有和陶先生的团队进行过友谊赛啊。

【梦境】

陶先生和他的团队，精神抖擞地上场了。因为坚持打羽毛球锻炼，陶先生身材保持得很好。陶先生赢得了比赛，他的团队成员有输有赢，最终陶先生团队总比分赢了我和我的队友们。

【梦的分析】

梳理一下梦者阿兵曾经所历所见所闻。

（1）梦者喜欢羽毛球锻炼，认识了陶先生等一帮球友。

（2）梦者和梦者的队友，偶尔与其他羽毛球团队开展业余比赛，切磋技艺，共同进步。最近就预约了三场比赛。

（3）长期坚持羽毛球锻炼的人，精神抖擞，身材保持得不错，梦者身边就有一些这样的人。

（4）梦者经历过在羽毛球团体比赛时成员间有输有赢，最终通过计算总比分来确定团队胜负。

一番梳理后，该梦境是梦者曾经所历所见所闻的拼凑。梦者喜欢打羽毛球，认识了陶先生的场景，梦者偶尔和其他羽毛球团队开展友谊赛的场景，梦者身边一些长期坚持羽毛球锻炼的人，保持着良好身材的场景，梦者经历过，羽毛球团体赛时最终依靠总比分来确定胜负的场景等，在梦境中拼凑在一起了。

梦境前阿兵获悉，陶先生体检时发现了身体异常。梦者和陶先生的一些朋友都关心陶先生，于是该梦境中就出现了陶先生。可谓：日有所忧，夜有所梦。

30. 赶往教室的梦

任先生做了个梦，梦见自己急匆匆赶往大学教室。醒来后，任先生觉得这个梦很有些蹊跷：自己很多年都没有去大学教室听课了，怎么梦中就有了去大学教室的场景？去教室前，急急忙忙在地下室洗漱间刷牙洗脸，地下室可是工作后才居住的地方啊！还有，自己大学期间可没有语文、生活趣味等课程。

【梦境】

周日晚上忘了设置闹铃，第二天（周一）我一觉睡到了7点50分，离上午第一节语文课只有10分钟了。赶紧起来，连被子都来不及叠一叠，抓起书包就准备往大学教室冲。

一想，不行呢，连脸都不洗的话，进教室太煞风景了。于是，赶紧在地下室洗漱间简单刷个牙，洗了个脸。

掏出手机，核实了一下，教室在教四楼，今天是语文老师的第二讲。这学期还有化学、生活趣味等课程。

【梦的分析】

梳理一下梦者任先生曾经所历所见所闻。

（1）小孩上小学期间，梦者有过两三次忘了为第二天起床设置闹铃，结果晚起了的经历。晚起后，来不及叠被子，简单漱口，用毛巾擦脸，抓起小孩书包，带着小孩上了自行车，奔向小学。

（2）几十年前，梦者在小学学习期间，老师讲授的知识有生活趣味等，在初中、高中学习期间的课程有语文、化学等。

（3）大学学习期间，梦者经常去听课的教学楼是教四楼。

（4）工作后，梦者居住的地方是公司的地下室，洗漱间、淋浴间都在地下室。

（5）手机开始普及后，梦者借助手机，核实一下日期、事项、地点等，有了手机作为小助手，梦者感觉挺方便的。

一番梳理后，该梦境是梦者曾经所历所见所闻的拼凑。20 年前，梦者晚起后，来不及叠被子，简单漱口洗脸，抓起书包，带着小孩奔向小学的场景，梦者作为中小学生，接受语文、化学、生活趣味学习的场景，梦者大学学习时，经常去教四楼听课的场景，参加工作后，梦者居住在地下室，在地下室洗漱的场景，有了手机后，梦者借助手机核实一下有关事项的场景等，在梦境中拼凑在一起了。

梦境前一周，任先生的孙子开始上幼儿园，任先生的儿子早上急急忙忙将孩子送往幼儿园，然后赶去上班。此情此景，任先生联想起自己当年送儿子上幼儿园、上小学的不易，于是就有了急急忙忙赶往教室的梦境。可谓：日有所见所思，夜有所梦。

31. 大哥生气的梦

杨先生做了个梦，梦见自己将半干半湿的鱼做成糍粑鱼，惹得大哥生气了。醒来后，杨先生觉得该梦境太蹊跷：小时候居住在土房子里，家里连饭都难吃饱，过年时从来没有腌鱼腌肉的，怎么梦境里出现家里腌制了十几条鱼呢？更离谱的是，那时妹妹只有几岁，哪来的妹夫啊？

【梦境】

在家里的土砖房，我陆陆续续腌制了十几条鱼。早几天腌制的鱼已经挂在墙上，半干半湿的；晚几天腌制的鱼，还在腌鱼缸里。要做饭了，我取下挂在墙上的半干半湿鱼，做起了糍粑鱼。大哥回家了，看见半干半湿的鱼少了一条，便生气了："这是为妹妹妹夫他们一家准备的年货，你怎么现在就做着吃了呢？"

【梦的分析】

梳理一下梦者杨先生曾经所历所见所闻。

（1）40多年前，梦者居住在乡村土砖房里。冬天大风一刮，墙体晃动。春天雨水一淋，土墙被冲刷得凸凹不平。

（2）10年前，梦者家里的经济状况有了改善，春节前父母会买来十几条鱼腌制好，分给梦者兄妹三家作为年货。

（3）梦者看见过母亲在春节前腌鱼的全过程，刚刚腌制的鱼，还在腌鱼缸内。三五天后，鱼可以起缸了，被挂在墙上晾干。半干半湿的鱼，适合做糍粑鱼。继续晾干后的鱼，便于保存，是很不错的腊货。

一番梳理后，该梦境是梦者曾经所历所见所闻的拼凑。40多年前梦者居住在土砖房里的场景，10年前梦者的父母在春节前为梦者兄妹三家准备腌鱼的场景，梦者看见过还在腌鱼缸内的鱼，以及挂在墙上的半干半湿鱼的场景等，在梦境中拼凑在一起了。

国庆中秋长假，梦者兄妹三家相聚在一起，和父母一起吃了个团圆饭。分别时，梦者的大哥给了妹妹妹夫一家些许食物，于是，梦境中就出现了大哥和妹妹。可谓：日有所见，夜有所梦。

32. 眼泪汪汪的梦

高先生做了个梦，梦见自家孙女上幼儿园受欺负后，坐在泥土操场边哭泣。醒来后，老高觉得这个梦很怪异：自家孙女妞妞所在幼儿园，园内小操场是塑胶的，压根不是泥土的。还有，自家孙女在幼儿园才一个月时间，没有被小朋友更没有被大人欺负过。

【梦境】

泥土操场上，幼儿园其他孩子在做操，只有妞妞一屁股坐在操场边哭泣。妞妞旁边站着一位小个子家长，奶奶级的，正在欺负妞妞。我赶紧上前，将妞妞抱起，一看，眼泪鼻涕已经糊了妞妞一脸。

我很生气，腾出一只手，推了一下这奶奶级的家伙。用我的衣袖擦拭干净妞妞脸上的眼泪和鼻涕，我对妞妞说："妞妞要多吃，快快长高长大，那样，就少受人欺负了。"

【梦的分析】

梳理一下梦者高先生曾经所历所见所闻。

（1）10年前，梦者在小学读书，小学的操场是泥土面的。这样的操场晴天凸凹不平，雨天行走湿滑。

（2）梦者在小学读书时，有一位同班同学仗着个头儿大，三天两头在放学的路上欺负梦者。这位同班同学的奶奶，个头儿不大，有时也帮着她孙子欺负梦者，搞得梦者哭哭啼啼，一把鼻涕一把泪的。有一次，梦者的母亲发现梦者被欺负了，推开欺负者后，用衣袖擦拭梦者脸上的眼泪和鼻涕。

（3）30年前，梦者的儿子上幼儿园了。送儿子上幼儿园的过程中，梦者看见过孩子们在园内小操场上集体做早操，也偶尔看见有个别孩子在小操场边坐着，眼泪汪汪地哭泣。

（4）梦者的孙女小名叫妞妞，一个月前上幼儿园了。妞妞有些挑食，个头儿不大。梦者对妞妞说："要多吃点，快快长高长大，那样，就可以保护自己了。"

一番梳理后，该梦境是梦者曾经所历所见所闻的拼凑。50年前梦者就读小学时，小学操场是泥土地面的场景，梦者在小学期间受同学和同学的奶奶欺负，梦者的母亲发现后帮梦者用衣袖擦拭眼泪和鼻涕的场景，30年前梦者送儿子上幼儿园时看见孩子们集体做早操，有个别孩子在园内小操场边坐着哭泣的场景，梦者的孙女小名叫妞妞，梦者鼓励妞妞快快长高长大的场景等，在梦境中拼凑在一起了。

梦境前一周，梦者的孙女妞妞感冒发烧，在医院接受抽血检查，妞妞哭得一把鼻涕一把泪的。于是，梦境里就有了妞妞眼泪汪汪的场景。可谓：日有所历，夜有所梦。

33. 改签车票的梦

林先生做了个梦，梦见他为了参加直播活动，而改签了进京火车票。醒来后，林先生觉得这个梦境很蹊跷：自己有个直播活动不假，但压根就没有提前购买进京火车票，不存在改签火车票的情况啊。

【梦境】

本月5号，与江江等一同购买了这个月9号进京的火车票。临时接到通知，这个月9号下午有个直播。没办法，只得改签。

【梦的分析】

梳理一下梦者林先生曾经所历所见所闻。

（1）江江是梦者的同事、好朋友，7年前两人一同购票，乘火车到西安出差过。

（2）梦者有过几次乘火车出差的经历。出差前几天，会提前订购火车票，其中有一次就是进京的火车票。

（3）梦者的同事中，有人遇到过临时有变化，而改签火车票的情况。

（4）这个月9号下午，梦者应邀有个直播活动。

一番梳理后，该梦境是梦者曾经所历所见所闻的拼凑。梦者7年前与好朋友江江一同购买火车票的场景，梦者曾经经历过一次提前购票，乘坐火车进京的场景，梦者的同事中有人改签火车票的场景，梦者这个月 9 号下午有个直播活动的场景等，在梦境中拼凑在一起了。

这个月 9 号下午，梦者应邀有个直播活动，于是梦境中就出现了克服其他困难，确保参加直播活动的场景。可谓：日有所忧，夜有所梦。

34. 老人心肌梗死的梦

区先生做了个梦，梦见老父亲心肌梗死了，自己赶紧拨打"120"求助。醒来后，区先生觉得这个梦境有些蹊跷：自己的老父亲多年冠心病、高血压，但并没有心肌梗死啊。

【梦境】

半夜懵懵懂懂中，似乎听到了有人在呻吟。翻身起床，听到老父亲微弱的求助声音"我好像是心肌梗死了"。打开房灯，赶到老父亲床前，老父亲脸色苍白，虚汗直冒。我返回自己房间，找来手机，赶快拨打"120"求助。

【梦的分析】

梳理一下梦者区先生曾经所历所见所闻。

（1）3 个月前，梦者的老父亲住院接受了髋关节置换手术。手术当天晚上，父亲因伤口疼痛，间歇性发出呻吟声。

（2）梦者见过父亲冠心病发作的场景，发作时父亲脸色苍白，虚汗直冒。

（3）一周前，在医院门诊就医，遇到一位急诊病人，家属说病人是心肌梗死，医院正在安排导管手术，准备为病人安装支架。

（4）梦者从电影、电视、网络等媒体上看到过，遇到需要急诊的病人时，身旁的人用手机拨打"120"求助。

一番梳理后，该梦境是梦者曾经所历所见所闻的拼凑。梦者的老父亲曾经接受髋关节置换手术时痛苦呻吟的场景，梦者的老父亲冠心病发作时脸色苍白、直冒虚汗的场景，梦者在门诊就医时看见的心肌梗死病人和身旁家属的场景，梦者从媒体上看到旁人用手机拨打"120"求助的场景等，在梦境中拼凑在一起了。

一周前，梦者在医院看到了一位心肌梗死病人，于是梦境里就出现了心肌梗死的场景。可谓：日有所忧，夜有所梦。

35. 不在人世的梦

陶先生做了个梦，梦见自己曾经的同事辉师傅不在人世了。醒来后，陶先生觉得这个梦境蹊跷：辉师傅好好的啊，前两天还见着了，怎么在我的梦里就不在人世了呢？

【梦境】

最近支原体感染者较多，出于关心，我拨通了辉师傅所在科室的工作电话。听我说了一通后，接电话的人回了一句："辉师傅不在人世了。"我顿时无语，很惊讶。联想到辉师傅患上乙肝的身体，估摸着是肝病原因离世的。

【梦的分析】

梳理一下梦者陶先生曾经所历所见所闻。

（1）从电视、手机新闻上梦者了解到，步入秋季后，一些地区因支原体感染而去医院输液治疗的人增多。

（2）辉师傅是梦者曾经的同事，在一起共事了7年，关系挺好的。

（3）共事期间，梦者了解到辉师傅是乙肝病毒携带者。

（4）除了辉师傅，梦者的身边还有一些人是乙肝病毒携带者。梦者从网上搜寻了一下，知道乙肝病毒携带者可能会发展成肝硬化、肝腹水，甚至是肝癌患者。

（5）梦者的一位高中同学，有一段时间没联系了。一个月前，梦者拨通了这位高中同学的工作电话。接电话的人听梦者说了一通后，回了一句："你这位高中同学不在了，10 天前去世了。"

一番梳理后，该梦境是梦者曾经所历所见所闻的拼凑。梦者从媒体上了解到最近支原体感染者增多的场景，辉师傅是梦者曾经的同事，是一名乙肝病毒携带者的场景，梦者了解到乙肝病毒携带者可能发展成肝癌患者而最终离世的场景，梦者一个月前拨通一位高中同学工作电话，被告知这位高中同学已经不在人世了的场景等，在梦境中拼凑在一起了。

一个月前，梦者的一位高中同学不在世了，于是梦境中就有了熟人不在世了的场景。最近一段时间，支原体感染者增加，于是梦境里就有了为支原体感染者担忧的场景。可谓：日有所忧，夜有所梦。

36. 被落单了的梦

周六夏先生在家中沙发上，午间休息，做了个梦。醒来后，夏先生觉得这个梦境很怪异：自己参加职后学习班时没有被落单过啊，那时也没有背什么双肩包。

【梦境】

参加了一个有几十名学员的学习班。临时接到通知，晚上活动是在露天电影院看电影，学员的物件得从下午上课的教室转移到露天电影院。

我接到通知晚了一步，等我赶到下午上课的教室时，那里已空荡荡的，没有任何物件了。

我掉头赶往露天电影院，同一个小组的其他 5 名学员，都已将各自的物件带在身边。我问其中一位姓刘的学员："你咋就不帮我一下，带出我的物件呢？"

我又一次返回教学楼，找啊找，在另一间教室，终于发现了我的双肩包。那里面有我的随身物件，最外面拉链拉开后，还放着一包拆开了的香烟和一只打火机。

【梦的分析】

梳理一下梦者夏先生曾经所历所见所闻。

（1）十几年前，梦者参加过两次职后学习班。学习班学员有几十人，分别来自不同公司。学习班会分成若干小组，一个小组五六名学员。

（2）大学学习期间，梦者下午还在教室上课，晚上偶尔会转场，去露天电影院参加活动或观看电影。

（3）梦者学习期间的大学，教室是公共的，书包等随身物件得跟着人走。

（4）工作期间，梦者和几位同事一起出差，在火车站候车时，车站临时通知更换候车室，有一位同事的行李没及时搬运。大家费了好大的劲，才找到这位同事的行李。

（5）梦者现在工作的这家公司，一个小组有 6 位同事。梦者性格内向，显得有些落单。

（6）10 年前，梦者上下班总背着一个双肩包，双肩包最外面拉链拉开后，放着一包拆开了的香烟和一只打火机。

一番梳理后，该梦境是梦者曾经所历所见所闻的拼凑。十几年前梦者参加职后学习班的场景，大学期间梦者下午在教室上课，晚上转场到露天电影院观看电影的场景，工作期间出差途中同事的行李没及时搬运的场景，梦者和现在公司一个小组同事关系有些疏远的场景，10年前梦者总背着双肩包上下班的场景等，在梦境中拼凑在一起了。

最近，公司6人小组中，梦者有些被排挤，有些落单，有些郁闷，于是梦境里就有了落单的场景，可谓：日有所忧，夜有所梦。

梦境当天中午，梦者在沙发上休息，沙发空间狭小，梦者只能蜷缩着身子，很不舒服，于是有了不太开心的梦。

37. 立体裁剪的梦

孙先生做了个梦，梦见母亲在为是否立体裁剪布料而犹豫。醒来后，孙先生觉得该梦境很蹊跷：梦者小时候，穿的衣服都是母亲裁剪缝制的，但母亲压根就不知道还有什么立体裁剪这一说啊。

【梦境】

母亲拿着仅有的一块布料，想着裁剪后为一儿一女各缝制一件上衣。女儿已经十四五岁，女性的身材渐渐凸显。如果为女儿立体裁剪的话，会多费些布料，这仅有的一块布料做一件女上衣和一件男上衣，就显得吃紧。女儿了解到母亲的难处后说道："您不需要立体裁剪的，就按平面裁剪，这样就可以为我哥和我各做一件上衣了。"

【梦的分析】

梳理一下梦者孙先生曾经所历所见所闻。

（1）小时候，梦者兄妹二人脚上穿的布鞋，上学背的书包，身上的短衣短裤等，都是母亲积攒下来布票，到供销社买回布料，煤油灯下裁剪后，一针一线缝制的。

（2）梦者参加工作后，从媒体上了解到，女性十四五岁后身材渐渐凸显，女性的衣服尤其是上衣，立体裁剪后缝制出来更贴身。梦者也了解到，立体裁剪工序更复杂，所用的布料更多一些。

（3）小时候，梦者兄妹两人和母亲相依为命，兄妹两人比较懂事，能体恤母亲的不易与艰难。

一番梳理后，该梦境是梦者曾经所历所见所闻的拼凑。梦者小时候，母亲为梦者兄妹两人裁剪、缝制衣服的场景，工作后梦者从媒体上了解到女性衣服立体裁剪更贴身也多花费些布料的场景，梦者小时候兄妹两人体恤母亲的不易与艰难的场景等，在梦境中拼凑在一起了。

还有几天就是母亲的祭日了，所以该梦境中就出现了母亲关爱梦者兄妹两人的场景。可谓：日有所思，夜有所梦。

38. 奔向妈妈的梦

阿萍做了个梦，梦见 5 岁大的女儿阳子在公园门口看见自己后，撒开小腿，朝自己奔来。醒来后，阿萍觉得这个梦很怪异：阳子小时候从来没有过在公园门口奔向自己的情况啊。

【梦境】

公园大门口，5 岁大的女儿阳子看见了我，顿时脸上表情丰富起来，撒开小腿，朝我奔跑过来。

【梦的分析】

梳理一下梦者阿萍曾经所历所见所闻。

（1）梦者的女儿阳子已为人母，外甥女妞子 5 岁多了。妞子和幼儿园班上的乐乐是好朋友。

（2）梦境当天，女儿阳子与乐乐的妈妈约好了，次日上午 10 点在公园门口碰面，两个孩子、孩子们的爸爸妈妈一起逛公园，进一步加深孩子们的友谊。

（3）20 多年前，阳子离开幼儿园时，都是梦者的老公来接阳子回家。那时，阳子看见爸爸，顿时脸上表情丰富起来，撒开小腿，朝她爸爸奔跑过去。

一番梳理后，该梦境是阿萍曾经所历所见所闻的拼凑。阿萍的外甥女妞子 5 岁多了，妞子一家三口与乐乐一家三口相约次日在公园门口碰面的场景，阳子小时候离开幼儿园后，奔向阿萍的老公的场景等，在梦境中拼凑在一起了。

梦境当天，阿萍得知女儿阳子约好了与乐乐一家次日公园门口碰面，于是梦境里就有了公园门口的场景。可谓：日有所历，夜有所梦。

39. 升旗仪式的梦

晓莉做了个梦，梦见公司组织火炬传递，还开展了唱国歌、升国旗活动。醒来后，晓莉觉得这个梦境蹊跷：公司的升旗台还没有搭建好，怎么就举行了升旗仪式？升旗仪式前，还开展了火炬传递？

【梦境】

公司组织火炬传递，很多员工参加，同一个小组的晓萍等人也参加了。火炬传递结束后，便奏唱国歌、升国旗。

【梦的分析】

梳理一下梦者晓莉曾经所历所见所闻。

（1）前不久在杭州举办了第22届亚运会，梦者通过手机看见很多人参加了火炬传递，也看见选手夺冠后奏唱国歌、升国旗。

（2）晓萍是梦者同一个公司同一个小组的同事，在公司活动中，经常在一起。

（3）梦境前3天，公司作出决定，准备搭建新的升旗台，便于重大节日时举行升旗仪式。

一番梳理后，该梦境是晓莉曾经所历所见所闻的拼凑。晓莉通过手机观看到的杭州亚运会火炬传递、唱国歌升国旗的场景，小组同事晓萍经常和晓莉在一起的场景，公司作出决定准备搭建升旗台的场景等，在梦境中拼凑在一起了。

梦境前3天，晓莉所在公司作出决定准备搭建升旗台，于是晓莉的梦境中有了升旗的场景。可谓：日有所闻，夜有所梦。

40. 爬不起来的梦

阿霞做了个梦，梦见父亲瘫坐在地上，爬不起来。醒来后，阿霞觉得这个梦很蹊跷：父亲身体不错，双腿有劲，没出现过在地上爬不起来的情况。

【梦境】

父亲瘫坐在地上，说自己浑身疼，难受，爬不起来了。我赶紧上前，双手搂着父亲的腰，将父亲抱起，移步到床上躺着。

【梦的分析】

梳理一下梦者阿霞曾经所历所见所闻。

（1）在电影、电视、网络等媒体上，梦者看见有人瘫坐在地上，难受，爬不起来的场景。

（2）在上下班的路上，梦者看见有人瘫坐在路边，热心的路人上前，双手搂住瘫坐者，移步到安全地方。

（3）梦者成家后，将父亲接到身边生活。梦者的父亲身体不错，双腿有劲，力所能及做些清扫地面、洗晒衣服等家务。

一番梳理后，该梦境是梦者曾经所历所见所闻的并凑。阿霞在媒体上看见的有人瘫坐在地上，爬不起来的场景，阿霞在上下班路上看见的，热心人双手搂住瘫坐者，将瘫坐者移步到安全地方的场景，阿霞将父亲接到身边生活的场景等，在梦境中拼凑在一起了。

还有几天就是重阳节了，阿霞担心年事渐高的父亲身体能否和之前那样健康，于是梦境里就有了父亲的场景。可谓：日有所忧，夜有所梦。

41. 寻找宿舍的梦

阿辉做了个梦，梦见自己寻找 201 宿舍途中，看见市卫生防疫站（现改名为"市疾病预防控制中心"）设置在一个四合院式的平房区。醒来后，阿辉觉得这个梦境很蹊跷：从 1950 年开始建站，市卫生防疫站从来没有在平房里办公过啊。

【梦境】

我要去找个人，听说他住在公司 201 宿舍。我到达了公司宿舍区，看见了 204 宿舍，也看见了 205、206、207 宿舍，就是找不着 201 宿舍。旁边有位热心的阿姨走过来，告诉我这宿舍编号有点复杂，要带我到另一栋楼找找看。途中，我看见了一个四合院式的平房区，有一些瓶瓶罐罐摆放在走道里，热心的阿姨告诉我这里是所在城市的市卫生防疫站。

【梦的分析】

梳理一下梦者阿辉曾经所历所见所闻。

（1）梦者有过住店的经历，看见了 204 房、205 房、206 房、207 房，就是看不见 201 房。服务员告诉梦者：房间号编排有点复杂，201 房在另一边。

（2）梦者一直在市卫生防疫站工作，这家卫生防疫站始建于 1950 年，早先在一幢三层楼里办公，后来搬迁到一幢 20 多层的高楼里。市卫生防疫站里有检测实验室，有不少瓶瓶罐罐。

（3）梦者得空时放飞心情，到山区进行过深度旅游。看见过一些四合院式平房，农户在院子里晾晒着玉米棒子、大蒜、辣椒等。

一番梳理后，该梦境是梦者曾经所历所见所闻的拼凑。阿辉住店时，四处寻找 201 房的场景，阿辉一直在市卫生防疫站工作，里面有不少瓶瓶罐罐的场景，阿辉到山区深度旅游，看见过四合院式平房的场景等，在梦境中拼凑在一起了。

梦境前一周，阿辉从事市卫生防疫站站史收集工作，于是梦境里就有了市卫生防疫站的场景。可谓：日有所思，夜有所梦。

42. 四套住房的梦

晓冰做了个梦，梦见公司分给了她 4 套房。醒来后，晓冰觉得这个梦很蹊跷：公司只分给了自己一套房啊。

【梦境】

公司给我分了 4 套房，其中有两套办理了房产证。另两套是公司集中搭建，增加了面积的平房，没有办证。因为长久没有去居住，这两套没有办证的平房，公司分给了其他同事。

【梦的分析】

梳理一下梦者晓冰曾经所历所见所闻。

（1）在公司上班第 8 个年头，梦者从公司分到了一套 50 多平方米的小居室，并办理了房产证。

（2）梦者的同事中，有一位是再婚者，这位同事再婚前，她和她先生分别从各自工作的公司分到了一套小居室。再婚后，这位同事和她先生名下有两套房子，且都办理了房产证。

（3）梦者的一位同事纪女士，老家在郊区农场。农场对平房宿舍进行集中改造，增加了面积，但没有办证。这样的平房纪女士家分得了两套。纪女士和家人到中心城区工作和生活后，那两套平房长期没人居住，于是农场将这两套平房分给了其他有需求的职工。

一番梳理后，该梦境是梦者晓冰曾经所历所见所闻的拼凑。梦者在公司分得了一套房子并办理了房产证的场景，梦者的一位同事再婚后，和先生一起拥有两套政策性房子，且都办理了房产证的场景，梦者的同事纪女士在郊区农场有两套没有房产证的平房，因为长期没人居住，被农场分配给其他人的场景等，在梦境中拼凑在一起了。

这周，晓冰所在公司要求员工填报个人事项，房产是其中一项主要内容，于是晓冰的梦境里就出现了房子的场景。可谓：日有所历，夜有所梦。

43. 老乔生病的梦

戴先生做了个梦，梦见同事老乔患上了肝炎，需要住院治疗。醒来后，戴先生觉得这个梦很怪异：同事老乔身体很棒的，至今没有住过院，更没有患上肝炎之类的传染病。

【梦境】

同事老乔患上了肝炎，要住院治疗。老乔的父亲获悉后，简单收拾几件衣服，前往医院照料。在医院内一段长长的上坡路，我碰见了老乔的父亲。后来我就去了医院公共澡堂，先洗澡，后洗衣服。从澡堂出来，进入病房，看见了老乔。老乔脸色不好，嘴唇没有血色。

【梦的分析】

梳理一下梦者戴先生曾经所历所见所闻。

（1）老乔是梦者的同事，身体很棒，没有住过院。老张也是梦者的同事，从出生起就是乙型肝炎病毒携带者，40 多岁时因肝炎发作，接受过住院治疗。老张住院前，梦者看见老张脸色不好，嘴唇没有血色。

（2）梦者去过医院看望住院的同学或同事，病房里有儿女照顾生病老人的，有父母照顾生病儿女的，也有请护工照顾病人的。有的父母听闻儿女住院后，简单收拾几件衣服，就往医院住院部赶，可怜天下父母心。

（3）梦者去过所在城市的师范大学，那所大学一进入大门，便是长长的上坡路。

（4）梦者大学期间，冬天里会隔三岔五去学校公共澡堂，先洗澡，后洗衣服。

一番梳理后，该梦境是梦者曾经所历所见所闻的拼凑，梦境中将同事老张感染肝炎的场景，错拼成同事老乔感染肝炎了。

梦境当天，梦者和同事花了两个多小时，讨论如何保护自身健康，尽可能远离传染病，于是梦境里就出现了有人患上了肝炎的场景。可谓：日有所思，夜有所梦。

44. 接受手术的梦

阿丹做了个梦，梦见去医院接受了一个左手臂部位的手术。醒来后，阿丹觉得这个梦很怪异：自己的左手臂好好的，梦里怎么就需要接受手术了呢？

【梦境】

左手臂出了问题，到医院做了个手术。我原以为会被截肢，从手术台下来后，发现自己的左手臂还在。试着握握左拳，手指还能动弹，只是不如出问题前那么灵活，手指还有点发麻。主刀医生告诉我，这是手术后的正常症状。

【梦的分析】

梳理一下梦者阿丹曾经所历所见所闻。

（1）梦者从媒体上看到过，交通事故、电击伤中，有伤者到医院接受左手或右手截肢处理的场景。

（2）梦者从媒体上了解到，有伤者在医院接受断肢再植手术，原以为保不住的手臂，居然保住了。手术后，患者手指还能动弹，只是不如以前灵活，还有点发麻。咨询主治医生，主治医生告知能保住手臂已是不易，手指要完全恢复到从前的灵活度，还有难度。

（3）一年前，梦者的左脚跟开始长骨刺。去医院时医生告知，可以手术治疗也可以保守治疗，手术治疗的话，脚后跟的韧带会有些松动，会影响到走路的平稳性。

一番梳理后，该梦境是梦者曾经所历所见所闻的拼凑。梦者从媒体上看到过有伤者左手或右手接受截肢处理的场景，梦者从媒体上了解到有伤者成功接受了断肢再植手术，手术后手指灵活度有所下降的场景，梦者左脚跟长骨刺，医生告知手术治疗的话会影响走路平稳性的场景等，在梦境中拼凑在一起了。

梦境前十几个小时，梦者的左脚跟又开始疼痛，持续了一个多小时，于是梦境里就有了接受手术的场景。可谓：日有所历，夜有所梦。

45. 朋友会合的梦

中午阿娟脑袋靠在电脑桌上小憩，做了个梦，梦见自己和朋友们会合。醒来后，阿娟觉得该梦境很蹊跷：现实中，自己从来没有和朋友们一起乘坐过直升机。

【梦境】

自己和几位朋友坐上了一架小型直升机，直升机开始飞行了，但飞得很低，离地面只有 10 米左右高度，像无人机那样。飞行速度也不快，相当于自行车骑行速度。在一段江堤上，这架直升机停了下来，我们走出直升机，和在江堤上的其他几位朋友会合。

【梦的分析】

梳理一下梦者阿娟曾经所历所见所闻。

（1）几年前，梦者有过和几位朋友一起乘车，在江堤上和其他几位朋友会合，一起去看江边荻花的经历。

（2）梦者身边有朋友购买了无人机，梦者看见过他们放飞无人机的场景，无人机飞得不高，只有 10 米左右高度，速度也不太快，相当于自行车骑行速度。

（3）梦者从电影、电视、网络等媒体上，看见过直升机载人起飞的场景，直升机可以飞得较快、飞得较高，也可以飞得较慢、飞得较低。

一番梳理后，该梦境是阿娟曾经所历所见所闻的拼凑。几年前阿娟和几位朋友一起赶往江堤上，与其他几位朋友会合的场景，阿娟看见身边朋友购买的无人机飞得不高也不快的场景、阿娟从媒体上看到的直升机载人起飞时飞得较低较慢的场景等，在梦境中拼凑在一起了。

梦境前几天，阿娟和几位朋友相约到郊区爬山，于是该梦境里就有了和朋友会合的场景，可谓：日有所历，夜有所梦。

46. 老夫少妻的梦

晚上晓丽做了个梦，梦见高中同学阿琳嫁给了一位可以做阿琳爸爸的老男人。醒来后，晓丽觉得这个梦太荒唐：现实中，高中同学阿琳大学毕业，工作两年后就嫁给了阿琳的大学同学，压根就不存在什么老夫少妻的情况。

【梦境】

高中同学阿琳终于结婚了，40岁的她找了个60多岁的老公。阿琳五官精致、身材一流，我们不理解她为啥找了个年龄那么大的老公。阿琳一脸幸福地说：老公事业有成，有房有车有积蓄，成家后我不用为柴米油盐酱醋茶发愁。还有啊，年龄大的老公，会疼人。

【梦的分析】

梳理一下梦者晓丽曾经所历所见所闻。

（1）阿琳是晓丽的高中同学，时间一晃，阿琳和晓丽都是40岁的女人了。高中期间，阿琳是班花，要长相有长相，要身材有身材。

（2）晓丽从网络上了解到，生活中有不少老夫少妻，甚至是老妻少夫的例子。40 岁的女子嫁给了 60 多岁的男子，20 多岁的男子娶了 40 多岁的女子，已不是什么稀奇事。

（3）晓丽从网络上了解到，年轻一些的人找年龄大一些的人做配偶，要么是对方积攒了一定的财富，要么是对方知冷知热、会疼人，或者两者兼而有之。

一番梳理后，该梦境是晓丽曾经所历所见所闻的拼凑。晓丽的高中同学阿琳长相和身材俱佳的场景，晓丽从网络上了解到的老夫少妻的场景，晓丽了解到的年轻一些的找年龄大一些的做配偶，看中的是对方知冷知热和一定的财富积累的场景等，在梦境中拼凑在一起了。

梦境当天中午，阿琳来晓丽上班的地方小聊了一会儿，于是晚上晓丽的梦境里就有了阿琳的身影。可谓：日有所历，夜有所梦。

47. 狗被打死的梦

阿香做了个梦，梦见居民将准备咬人的狗打死了。醒来后，阿香觉得这个梦很蹊跷：自己从来没有在宿舍走廊上看见被砍了头、剥了皮的狗啊。

【梦境】

有两只大型犬，在集体宿舍走廊上晃来晃去。它们的主人对它们没有任何约束，既没有被套上绳子，也没有佩戴狗嘴套。它们对人张牙舞爪，时刻准备咬人。生气的居民，抓住了其中一只，砍了它的头，剥了它的皮，然后扔在宿舍走廊上。

【梦的分析】

梳理一下梦者阿香曾经所历所见所闻。

（1）梦者居住的小区，偶有一两只大型犬晃来晃去，它们既没有被套上绳子，也没有佩戴狗嘴套。它们张牙舞爪，时刻准备咬人，吓得老人小孩绕道走。

（2）梦者大学期间，集体宿舍走廊长长的，走廊连接着一间间宿舍。

（3）梦者居住的小区，有老人被没有任何约束的大型犬攻击，小区居民很气愤，一起抄起家伙来对付咬人的狗，抓住狗后，便是一顿暴揍。

（4）寒冷的冬季，梦者在菜市场看见被宰杀后的狗和羊，它们被砍了头、剥了皮，挂在铁钩上，等待顾客购买。

一番梳理后，该梦境是梦者阿香曾经所历所见所闻的拼凑。梦者看见过的没有被约束的大型犬张牙舞爪的场景，梦者大学学习期间宿舍连着长长走廊的场景，梦者看见过的小区居民抄家伙对付咬人的狗的场景，梦者在菜市场看见被砍了头、剥了皮的狗的场景等，在梦境中拼凑在一起了。

梦境前一天，梦者从媒体上看到了一段视频，视频中没有被约束的大型犬撕咬一名女孩，导致女孩严重受伤。于是，梦境里就有了大型犬张牙舞爪的场景。可谓：日有所见，夜有所梦。

48. 经停赤壁的梦

阿晶做了个梦，梦见自己随公司老板一行，从汉口驱车前往武昌东湖，中途公司老板提议经停赤壁市，吃了晚饭再赶路。醒来后，阿晶觉得这个梦境太怪异：汉口到武昌东湖不太远，同在武汉市市内，中途压根不经过赤壁市的。

【梦境】

自己随公司老板老朱等一行驱车，从汉口去武昌东湖。天色渐晚，晚饭还没吃。老朱提议说："我们中途在赤壁市停一下，找个熟人家，吃了晚饭再往东湖赶路。"

【梦的分析】

梳理一下梦者阿晶曾经所历所见所闻。

（1）阿晶有过随公司老板老朱，驱车从汉口前往武昌洽谈业务的经历。

（2）阿晶家住汉口，周末时间，偶尔会带上家人，驱车前往武昌东湖，看看湖光山色，放松心情。

（3）小长假，阿晶和同事带上家人，驱车前往湖南长沙橘子洲头旅游。返回时，见天色已晚，晚饭还没吃，便经停赤壁市，找了熟人，吃了便餐后继续往武汉赶路。

一番梳理后，该梦境是梦者曾经所历所见所闻的拼凑。阿晶随公司老板驱车从汉口前往武昌的场景，周末时间阿晶带上家人，从汉口驱车前往武昌东湖放松心情的场景，小长假阿晶和同事带上家人，驱车前往长沙旅游，返汉时经停赤壁市解决晚餐的场景等，在梦境中拼凑在一起了。

梦境当天上午，阿晶有事去了一趟武昌东湖，于是梦境里就有了东湖的场景。可谓：日有所历，夜有所梦。

49. 父亲呼喊的梦

晓晴做了个梦，梦中听见父亲呼喊。醒来后，晓晴觉得这个梦很怪异：自己结婚后，就离开了父母居住的房子，父亲和母亲仍居住在那里，并没有和自己的小家庭住在一起。

【梦境】

半夜，父亲大声呼喊，说家里有老鼠。我和老公连忙起身，打开房灯，四处寻找老鼠活动过的痕迹。先看了看老父亲的房间，又看了看厨房里的米袋子和垃圾桶，发现厨房里确实有老鼠活动的痕迹。觉得天亮后要去买灭鼠用具，要么是老鼠夹，要么是鼠粘胶。

【梦的分析】

梳理一下梦者晓晴曾经所历所见所闻。

（1）婚前，晓晴一直与父母居住在一起。房子是步梯房，是父亲工作单位分配的福利房。晓晴上初中时，家里进来过老鼠，啃食家里的米袋子和厨房里的垃圾。母亲买来鼠粘胶，将大小4只老鼠粘住、处理后，家里才算消停。

（2）晓晴上高中时，有一次半夜时分，父亲睡梦中突然大声说起了梦话，呼喊着"姆妈，姆妈"。晓晴和母亲连忙起身，打开房灯。醒来后的父亲不好意思地说，刚才做了个梦，梦见已经过世的老母亲了。

（3）晓晴在街头，看见过老人推着自行车售卖灭鼠用具，有鼠粘胶，有老鼠夹等。

一番梳理后，该梦境是梦者晓晴曾经所历所见所闻的拼凑。晓晴婚前与父母居住在一起，上初中时家里有过老鼠，然后买来鼠粘胶灭鼠的场景，晓晴上高中时，有一次半夜时分父亲梦中大声呼喊的场景，晓晴在街头看见过老鼠夹、鼠粘胶等灭鼠装备的场景等，在梦境中拼凑在一起了。

梦境前一周，老公腹部疼痛难忍，大声呼喊，接受了阑尾手术治疗后正在康复，于是晓晴的梦境里就有了大声呼喊的场景。可谓：日有所闻，夜有所梦。

50. 更换灯泡的梦

晓萍做了个梦，梦见老父亲准备踩着凳子更换灯泡。醒来后，晓萍觉得这个梦境怪异：家里灯泡坏了都是老公更换的，从没有让老父亲踩着凳子换过灯泡。

【梦境】

家里厨房的灯泡坏了，老公出差了，我准备自己来更换灯泡。还没等我行动，老父亲找来了大小两个凳子，准备踩着凳子去换灯泡。我吓了一跳，赶快扶着老父亲从凳子上下来，生怕老父亲摔倒了。

【梦的分析】

梳理一下梦者晓萍曾经所历所见所闻。

（1）母亲去世得早，晓萍成家后，将父亲接到身边一起生活。

（2）晓萍家里灯泡坏了，都是能干的老公来更换。老公会找来大小不一的两个凳子，踩着凳子去换灯泡。

（3）晓萍的老公偶尔会出差。

（4）晓萍的父亲有一次踩着梯子，准备将壁柜里的棉絮拿出来，结果摔下来，股骨胫骨折了，去医院接受了手术。从那以后，晓萍再也没让父亲爬高干活。

一番梳理后，该梦境是梦者晓萍曾经所历所见所闻的拼凑。晓萍成家后，将父亲接过来一起生活的场景，晓萍家里灯泡坏了，老公踩着凳子上去更换的场景，晓萍的老公偶尔出差的场景，晓萍的父亲踩着梯子取棉絮时摔断了股骨胫骨的场景等，在梦境中拼凑在一起了。

梦境前 3 天，晓萍所在楼层的公共照明灯泡坏了，第二天物业公司的师傅过来予以更换，于是晓萍的梦境里就有了更换灯泡的场景。可谓：日有所历，夜有所梦。

51. 被蛇咬伤的梦

小吕做了个梦，梦见自己被蛇咬伤了。醒来后，小吕觉得这个梦很怪异：自己从未被蛇咬过的啊。

【梦境】

走过草丛地，一条蛇突然蹿到我面前。这条蛇不是很大，直奔我而来，在我的小腿处咬了一口，然后迅速溜走了。我呢，小腿处顿感疼痛。

【梦的分析】

梳理一下梦者小吕曾经所历所见所闻。

（1）少儿时期的小吕，生活在南方山区，小吕经常行走在草丛地中。

（2）小吕从电影、电视、网络等媒体上看到过，有人行走时被蛇咬伤的场景：一条蛇直奔而来，在人的小腿处咬上一口，然后迅速溜走，被咬伤的人顿感疼痛。

一番梳理后，该梦境是小吕曾经所历所见所闻的拼凑。小吕少儿时期经常行走在草丛地的场景，小吕从媒体上看到的，一条蛇直奔而来，将行人咬伤的场景等，在梦境中拼凑在一起了。

梦境前几天，小吕工作压力较大，感觉有些疲劳，身体也有不舒服甚至疼痛的感觉，于是梦境里就有了疼痛的场景。可谓：日有所历，夜有所梦。

52. 清扫晒场的梦

小吕午间小憩，梦见自己清扫农家小院的晒场。醒来后，小吕觉得这个梦境蹊跷：自己从小生活在县城，家里没有农家小院，自己更没有清扫过农家小院。

【梦境】

农家小院的晒场，有不少枯枝枯叶。我拿起扫把，将这些枝叶清扫在一起，然后找来簸箕，将枝叶运走。清扫后的晒场真干净啊，可以晾晒收割来的水稻、黄豆、芝麻了。

【梦的分析】

梳理一下梦者小吕曾经所历所见所闻。

（1）小吕从小随父母生活在县城。

（2）小吕的爷爷奶奶居住在山区的农家小院，是那种带晒场的小院。

（3）寒暑假，小吕会去农家小院看望爷爷奶奶。

（4）小吕看见爷爷奶奶拿着扫把和簸箕，清扫晒场后，晾晒收割来的水稻、黄豆、芝麻。

（5）小吕也看见过村童拿着扫把和簸箕，清扫晒场，晾晒农作物。

（6）大学毕业，在公司上班后，小吕参加过清扫公司公共走道的活动。

一番梳理后，该梦境是小吕曾经所历所见所闻的拼凑。小吕的爷爷奶奶居住在带晒场的农家小院的场景，小吕的爷爷奶奶清扫晒场、晾晒农作物的场景，小吕看见过村童清扫晒场的场景，小吕工作后清扫公司公共走道的场景等，在梦境中拼凑在一起了。

梦境前一天，小吕参与了清扫公司的公共走道，于是梦境里就有了做清洁的场景。可谓：日有所历，夜有所梦。

53. 修复水渠的梦

阿香做了个梦，梦见老家东坡村的村民和邻村村民一起修复水渠。醒来后，阿香觉得这个梦很蹊跷：老家那条水渠年久失修，至今仍荒芜着啊。

【梦境】

昌吉、东坡两个村分别位于一条水渠的两边，两个村子共用一条水渠。这水渠年久失修，昌吉村和东坡村动员人力对水渠进行修复。修复过程中，昌吉村将东坡村的地占用了一些，其他村的人都看不下去，觉得昌吉村的人太喜欢占便宜了。

【梦的分析】

梳理一下梦者阿香曾经所历所见所闻。

（1）阿香的老家东坡村与昌吉村相邻，20世纪80年代前两个村共用一条水渠灌溉。后来水渠年久失修，已经失去了引水灌溉功能。

（2）阿香从媒体上了解到，共用一条公路进出的两个村子，动员人力对公路进行修整。人多势众的村子借机占用另一个村子的部分土地，另一个村的人都看不下去这种占便宜的行为，但敢怒不敢言。

一番梳理后，该梦境是阿香曾经所历所见所闻的拼凑。阿香的老家东坡村与昌吉村相邻，共用一条水渠灌溉，这水渠已年久失修的场景，阿香从媒体上了解到共用一条公路进出的两个村子，人多势众的村子在修整公路时借机占用另一村子土地的场景等，在梦境中拼凑在一起了。

梦境前一天，阿香和同事结伴到乡村旅游，看见了当地年久失修的水渠，于是梦境里就有了老家那荒废水渠的场景。可谓：日有所见，夜有所梦。

54. 一条香烟的梦

阿川做了个梦，梦见托朋友去买香烟了。醒来后，阿川觉得这个梦很怪异：自己从未托人帮忙捎带香烟。

【梦境】

家里要来客人，托朋友小段去超市买两条指定品牌的好烟，结果小段只帮忙买回了一条。小段回告说，超市备货不足，所以只买到了一条，要我先对付着，明天再去买。

【梦的分析】

梳理一下梦者阿川曾经所历所见所闻。

（1）阿川有抽烟的习惯，抽那种低档一点的香烟。去超市时，阿川一次性购买两条烟，可以管一个多月时间。年底时，低档香烟比较紧俏，超市往往备货不足，阿川只能买到一条，先对付着。

（2）偶尔有长辈来家里，阿川会提前去超市买两包档次高一点的香烟，为有抽烟习惯的长辈准备着。

（3）鄂西南盛产土豆，那里的土豆软糯，口感很好。阿川去过一次鄂西南，吃过那里的土豆后就难以忘怀。朋友小段经常出差鄂西南，阿川有时会让小段帮忙买一些鄂西南的土豆回来。

一番梳理后，该梦境是阿川曾经所历所见所闻的拼凑。年底阿川去超市买烟时，想买两条却只能买到一条的场景，长辈来家里，阿川提前去超市购买高档一点的香烟的场景，阿川请朋友小段帮忙从鄂西南购买土豆的场景等，在梦境中拼凑在一起了。

梦境前两天，阿川家里来了几位长辈，有两位是抽烟的，于是梦境里就有了去买档次高一点的香烟的场景。可谓：日有所历，夜有所梦。

55. 猪肉跌价的梦

晓林做了个梦，梦见自己养猪了，还去集市售卖猪肉。醒来后，晓林觉得这个梦很蹊跷：自己从未售卖过猪肉啊。

【梦境】

和邻居阿三各自养了一头猪。小猪慢慢变成了大猪，我和阿三请人将已经养大的一头猪宰杀了，用板车拖到集市上卖卖。猪肉跌价了，我和阿三没有赚到多少钱。寻思着明年找一个猪肉售价高一点的地方去售卖。

【梦的分析】

梳理一下梦者晓林曾经所历所见所闻。

（1）小时候在乡村，晓林放学后就拿着铲子和篮子，去田地边挖猪菜，来饲养家里的小猪。小猪一天天长大，一年半后就可以出栏了。

（2）在乡村期间，晓林家隔壁住着阿三一家，他们家也养着一头猪。

（3）晓林去县城读高中那年，为了给晓林凑齐学费，家里将养着的那头猪请人宰杀了，晓林的父母用板车拖到集市上售卖了。

（4）晓林从媒体上了解到，如果完全靠饲料养猪，猪肉行情又不好的话，养猪的人家就赚不到多少钱，甚至可能亏本。

（5）晓林从媒体上看到过一篇《卖米》的短文，写的是农户为了多卖一点钱，不惜挑着大米，行走很远的路，到米价稍高一点的地方去售卖。

一番梳理后，该梦境是晓林曾经所历所见所闻的拼凑。晓林小时候养猪的场景，晓林曾经的邻居阿三家也养猪的场景，晓林父母请人将家里那头猪宰杀了，拖到集市上售卖的场景，晓林从媒体上了解到猪肉行情不好时，养猪者赚不了多少钱的场景，晓林从媒体上了解到有人走远路去价格稍高一点的地方售卖农产品的场景等，在梦境中拼凑在一起了。

梦境前几天，晓林和妻子去超市买点肉鱼，看见肉价下跌了一些，于是梦境里就有了猪肉跌价的场景。可谓：日有所见，夜有所梦。

56. 死而复生的梦

阿娇做了个梦，梦见母亲死而复生。醒来后，阿娇觉得这个梦太怪异了：母亲 3 年前就去世了，当时并没有出现死而复生的奇迹啊。

【梦境】

母亲去世了，暂时停放在我家里。停放一天后，母亲居然苏醒了，慢慢爬了起来，儿女们直呼奇迹。过了一周，母亲还是去世了。

我们兄妹三人在一起商量着母亲的后事，重点是母亲下葬前停放在哪里。

【梦的分析】

梳理一下梦者阿娇曾经所历所见所闻。

（1）3 年前阿娇的母亲在家去世了，当时停放 3 天后就下葬了。

（2）阿娇的母亲去世后，阿娇兄妹仨一起商量着母亲的后事，包括在哪里停放 3 天，墓地选择哪里等。

（3）从媒体上阿娇了解到，有人在家去世后，停放在床上或棺木里，过了一两天，那人居然苏醒了，还慢慢爬了起来。

一番梳理后，该梦境是阿娇曾经所历所见所闻的拼凑。3 年前阿娇母亲在家去世的场景，母亲去世后阿娇兄妹仨商量着办理母亲后事的场景，阿娇从媒体上了解到有人在家死而复苏的场景等，在梦境中拼凑在一起了。

梦境前一天是阿娇的母亲去世 3 周年的祭日，所以阿娇的梦境里就有了母亲的场景。可谓：日有所思，夜有所梦。

57. 误拿物品的梦

午间休息，阿跃做了个梦，梦见误将妻子的随身小挎包等放进自己出差的大双肩包里了。醒来后，阿跃觉得这个梦很怪异：自己从没干过将妻子的小挎包等放进自己的大双肩包的事情。

【梦境】

在长途汽车站坐大巴去几百公里外的一个城市出差，大巴开动后才发现，自己误将妻子的随身小挎包和一件浅紫色棉大衣放在我的大双肩包里了。妻子的钥匙串、身份证等可都在她的小挎包里的啊，这咋办呢，我着急啊。我想到了一个办法，大巴车还没有出城前，我联系一位朋友，和他约个大巴车途经的公交车站点碰面，请大巴车师傅临时停靠一下，我可以将妻子的东西托朋友代转。

【梦的分析】

梳理一下梦者阿跃曾经所历所见所闻。

（1）阿跃有过几次坐大巴车去几百公里外的城市出差的经历，出差时间多为一个月左右，阿跃的差旅包是一个大双肩包。

（2）阿跃的妻子上班途中总是背个小挎包，里面有钥匙串、身份证等。阿跃的妻子有件浅紫色棉衣，冬天用来御寒的。

（3）阿跃的父母住在乡村，有时托进城的大巴师傅帮忙捎带一些新鲜蔬菜给阿跃，这个时候，阿跃会在大巴车城里停靠点等候，与大巴车师傅交接。

（4）高中阶段的一个寒假，阿跃在长途汽车站等候返乡客车，上车后才发现错拿了另一位乘客的行李，自己的行李被落在了候车室。

一番梳理后，该梦境是阿跃曾经所历所见所闻的拼凑。阿跃背着大双肩包，坐大巴车去几百公里外城市出差的场景，阿跃的妻子有个小挎包有件浅紫色棉衣的场景，阿跃与大巴车师傅在约定地点交接新鲜蔬菜的场景，高中阶段阿跃错拿了别人行李的场景等，在梦境中拼凑在一起了。

梦境当天，阿跃所在城市大风降温，妻子拿出了御寒的浅紫色棉衣，于是梦境里就有了浅紫色棉衣的场景。可谓：日有所历，夜有所梦。

58. 同事患病的梦

　　阿峰做了个梦，梦见同事告知公司员工中有两人罹患癌症了。醒来后，阿峰觉得这个梦很蹊跷：同事田田和家红正常工作着，他们并没有罹患癌症啊。

　　【梦境】

　　同事老杨小心翼翼地对我说：田田体检时发现得了乳腺癌，家红体检时发现得了肺癌。我联想到家平时红烟不离手，觉得这消息有些靠谱。

　　【梦的分析】

　　梳理一下梦者阿峰曾经所历所见所闻。

　　（1）田田、家红和老杨是阿峰所在公司的同事。

　　（2）公司的一次活动中，阿峰看见田田脸色有些蜡黄，田田说是没有休息好的缘故。

　　（3）家红的烟瘾大，几乎是烟不离手，一天得两三包烟。

　　（4）阿峰从媒体上了解到，脸色蜡黄的人很可能是肝功能不太好，或潜在有其他疾病。而抽烟的人罹患肺癌的概率要大得多。

　　一番梳理后，该梦境是阿峰曾经所历所见所闻的拼凑。田田和家红是阿峰同事的场景，阿峰看见过田田脸色蜡黄的场景，阿峰看见家红烟不离手的场景，阿峰从媒体上得知，脸色蜡黄的人可能有潜在疾病，抽烟的人罹患肺癌的概率较大的场景等，在梦境中拼凑在一起了。

　　梦境前两天，阿峰去医院看望一位因骨折住院的同事，于是梦境里就有了同事患病的场景。可谓：日有所历，夜有所梦。

59. 妞妞提问的梦

阿倩做了个梦，梦见自己的女儿妞妞向自己提问。醒来后，阿倩觉得这个梦很蹊跷：女儿妞妞才 3 岁，不可能认识公示栏上那么多字啊！

【梦境】

看见一张任前公示，妞妞问："为什么要任前公示啊？"我回答她："征求一下大家对被公示人的学历、年龄、任现职时间、现职表现等有没有异议啊。"妞妞说："原来是这样啊。"

【梦的分析】

梳理一下梦者阿倩曾经所历所见所闻。

（1）阿倩的女儿妞妞今年 3 岁了，刚上幼儿园，能说不少话，会唱一些歌，但还没开始认字写字。妞妞好奇，看见一些东西后喜欢提问，阿倩会耐心解答妞妞的提问。

（2）阿倩所在公司，办公楼一楼设置了一个公示栏，公司需要进行公示的事宜都张贴在那里，譬如任前公示、重大决策公示等。

（3）阿倩看见过几次任前公示，内容包括被公示人的学历、年龄、任现职时间、现职期间表现、公示截止日期、投诉部门与电话等，来征求对公示内容有无异议。

一番梳理后，该梦境是阿倩曾经所历所见所闻的拼凑。阿倩的女儿妞妞喜欢提问的场景，阿倩所在公司将任前公示等张贴在公示栏的场景，阿倩看见过任前公示内容的场景等，在梦境中拼凑在一起了。

这段时间阿倩的一位同事正在被公示，拟提拔担任一分公司经理，于是阿倩的梦境里就有了公示的场景。可谓：日有所见，夜有所梦。

60. 薪水减少的梦

晓浩做了个梦，梦见和人谈论起今年各自的收入情况。醒来后，晓浩觉得这个梦境很怪异：现实中自己今年的收入和去年持平，梦境中自己的收入怎么就下降了呢？

【梦境】

参加一个为期一周的培训班，晚饭后，与阿文在大学校园散步，说起各自收入来。阿文说他们公司业务比较稳定，所以个人收入和去年基本持平。我说我们公司今年有些艰难，公司老板和我们这些普通员工都实行减薪，收入都下降了。

【梦的分析】

梳理一下梦者晓浩曾经所历所见所闻。

（1）一个月前，晓浩受公司指派，参加一个在一所大学举办的培训班。同班学习的阿文来自另一家公司，晚饭后，晓浩和阿文会在那所大学的校园边散步边交谈。

（2）从与阿文的交谈中，晓浩了解到阿文所在公司和自己所在公司一样，业务比较稳定，员工收入今年和去年基本持平。

（3）梦境前一天，晓浩和哥哥小聚了一下。晓浩了解到，哥哥所在的公司今年业务比较艰难，公司老板和普通员工都实行减薪，收入都下降了。

一番梳理后，该梦境是晓浩曾经所历所见所闻的拼凑。晓浩与阿文参加培训班，晚饭后在大学校园散步交谈的场景，晓浩了解到阿文所在公司员工收入和去年基本持平的场景，从与哥哥交谈中，晓浩得知哥哥所在公司业务比较艰难，老板和员工都减薪了的场景等，在梦境中拼凑在一起了。

梦境前一天晓浩得知哥哥所在公司上至老板下至员工今年都减薪了，于是梦境里就有了减薪的场景。可谓：日有所历，夜有所梦。

61. 不依不饶的梦

小爱做了个梦，梦见以前那家公司的同事老彭找到小爱现在打工的这家公司了。醒来后，小爱觉得这个梦境很蹊跷：以前那家公司的同事老彭已经 70 岁，早已退休，听说还中风了，躺在床上，不可能四处行走。

【梦境】

闪经理带着老彭来公司，老彭瞪着眼，用手指着我说："我不会放过你，你到哪我跟到哪。"

【梦的分析】

梳理一下梦者小爱曾经所历所见所闻。

（1）闪经理是小爱现在打工的这家公司的部门经理，偶尔有人来找小爱时，是闪经理帮忙领过来。

（2）老彭是小爱十几年前打工的那家公司的同事。当时小爱刚踏入社会，老彭就接近 60 岁退休年龄了。老彭对包括小爱在内的年轻同事不怎么友好，稍有不如意，老彭就会瞪着眼睛，用手指向年轻同事说："我不会放过你，你到哪我跟到哪。"

（3）小爱从原来那家公司其他同事那里了解到，老彭退休后不久就中风了，躺在床上，吃喝拉撒都不能自理。

一番梳理后，该梦境是小爱曾经所历所见所闻的拼凑。闪经理是小爱现在打工的这家公司的部门经理的场景，小爱十几年前打工的那家公司的同事老彭对年轻同事不怎么友好的场景，老彭退休不久后就中风卧病在床的场景等，在梦境中拼凑在一起了。

梦境前 3 天，小爱工作中进度偏慢，合作的同事不依不饶，于是小爱的梦境里就有了不依不饶的场景。可谓：日有所历，夜有所梦。

62. 试题没做完的梦

阿萍做了个梦，梦见自己参加一个考试，有一半左右的试题未能在交卷前完成。醒来后，阿萍觉得这个梦境很怪异：自己从小学开始到现在，参加大大小小考试无数，从没出现过约半数试题未完成的情况。

【梦境】

参加一个选拔考试，接过试卷后，眼睛扫了一下考试试题，觉得这些试题似乎不是太难。只做到一半试题，监考老师提示考试时间只有最后 10 分钟了。我着急啊，越着急，那些看似不太难的试题却越做不出来。考试时间到，我只有停下笔，看着那么多没做完的试题，心里很郁闷。

【梦的分析】

梳理一下梦者阿萍曾经所历所见所闻。

（1）阿萍从小学到现在，参加过大大小小很多考试。大一点的考试中，监考老师在考试结束前 10 分钟会有提示。考试时间到了，考生必须停下笔，离开考场。

（2）每次考试中，接过试卷后，阿萍会用眼睛快速扫过试题。试题似乎不是太难的话，阿萍会对考试陡增信心。

（3）阿萍有过这样的考试经历，心里着急时，那些看似不太难的试题却做不出来。

（4）阿萍从小学、初中、高中同班同学那里听说过，有人考试时间到了，却只完成了约一半的试题。

一番梳理后，该梦境是阿萍曾经所历所见所闻的拼凑。阿萍经历过大一点的考试时，监考老师会在考试结束前 10 分钟提示时间的场景，每次考试中阿萍接过试卷后会快速扫一眼试题的场景，阿萍在考试中曾有过心里着急影响临场发挥的场景，阿萍从同学那里听说过有人考试时间到了却只完成了约一半试题的场景等，在梦境中拼凑在一起了。

梦境前一周，阿萍手头的事情很多，虽然不停地做，但阿萍总担心一些事情难以按期完成，于是阿萍的梦境里就出现了未能按时完成任务的场景。可谓：日有所思，夜有所梦。

63. 难以兼顾的梦

阿珍做了个梦，梦见自己将外出学习两周时间，手头的事情暂时找不到人帮忙，心里很着急。醒来后，阿珍觉得这个梦很蹊跷：最近自己并没有接到要外出学习的通知啊。

【梦境】

接通知，我将外出集中学习两周时间，可手头的事情又暂时找不到人帮忙，咋办呢？

【梦的分析】

梳理一下梦者阿珍曾经所历所见所闻。

（1）阿珍的小组同事晓乐，一个月前接通知后，外出集中学习了两周。

（2）已近年底，阿珍既要完成年度规定性工作，又要完成小组组长临时指派的几件应急工作，虽然早起晚归拼命干活，但阿珍仍觉得难以兼顾，心里很着急。

（3）阿珍的女儿从小学开始，每逢周末就去教练那里练习拉丁舞，已经练习得有模有样了。女儿很喜欢拉丁舞，不想放弃周末的练习机会，可今年女儿读初三了，周末功课甚多，女儿感觉难以兼顾。

一番梳理后，该梦境是阿珍曾经所历所见所闻的拼凑。阿珍小组同事晓乐一个月前外出集中学习两周时间的场景，阿珍既要完成年度规定性工作，又得完成小组组长临时指派工作的场景，阿珍的初中毕业班女儿难以兼顾功课与拉丁舞练习的场景等，在梦境中拼凑在一起了。

梦境前半个月，阿珍早起晚归拼命干活，为自己的事，为女儿的事心里着急，于是梦境里就有了难以兼顾的场景。可谓：日有所历，夜有所梦。

64. 销售作假的梦

阿兵做了个梦，梦见一家地产商在房屋销量上对消费者作假。醒来后，阿兵觉得这个梦境很怪异：销量应该是多少套房屋才对啊，怎么用 A、E 不同级别来区分啊，现实中自己从未听说过房屋销量这样区分的。

【梦境】

一家地产商的儿子，对有意向购房者展示一个娃娃形状的显示器，说这显示器上面可以实时显示这家地产商开发的房屋销量情况。展示完毕后，地产商的儿子立即在一张桌子底下偷梁换柱，换了一个差不多形状的显示器，并将这显示器高高举起，显示器显示他们的房屋销量已达到 E 级了。而真实的娃娃形状显示器躺在桌子底下，上面的房屋销售情况显示着 A 级。有个眼尖的小孩看出了端倪，大声说："作假了，作假了。"

【梦的分析】

梳理一下梦者阿兵曾经所历所见所闻。

（1）阿兵了解到，全国大大小小地产商很多，为了销量，为了利润，一些地产商在宣传时向消费者作假。

（2）阿兵看见过，一些青年女性在自己的手机上加了一个娃娃形状的外壳，既能让手机防摔，又能彰显个性。

（3）阿兵从媒体上了解到，信息联网后，可以实时显示一些真实情况，如：噪声指标、停车位空余情况、医院门诊量等。

（4）阿兵从媒体上看见过，一些卖肉的摊贩借助面前的台面偷梁换柱，通过作假手段牟取不义之财。

（5）阿兵看见过同一品牌的车辆，冠以 A、B、C、D、E 系列，来区分车辆档次的高低，一般而言，E 系的比 A 系的要高级，售价要贵很多。

（6）阿兵知道小孩子眼尖，能看到大人看不到的一些东西。

（7）阿兵上学期间，读过《皇帝的新衣》这篇课文，大人不敢说的话，小孩子敢说出来。

一番梳理后，该梦境是阿兵曾经所历所见所闻的拼凑。阿兵了解到的一些地产商向消费者作假的场景，阿兵看见过的一些青年女性拥有娃娃形状手机的场景，阿兵了解到信息联网可以实时显示真实情况的场景，阿兵从媒体上看见过一些卖肉的摊贩偷梁换柱的场景，阿兵看见过同一品牌 A 系 E 系车辆的场景，阿兵知道的小孩子眼尖且敢于说实话的场景等，在梦境中拼凑在一起了。

梦境前半个月，阿兵从媒体上看到很多关于某地产商作假，欺骗消费者的报道，于是阿兵的梦境里便有了作假的场景。可谓：日有所见，夜有所梦。

65. 公司亏损的梦

雯雯做了个梦，梦见分公司成立半年时间不到就亏损巨大。醒来后，雯雯觉得这个梦境很怪异：所在公司没有开设分公司啊，公司还在正常运营，不存在亏损情况啊。

【梦境】

公司在海南开了家分公司。半年时间不到，财务经理说这家分公司已经亏损了 1000 多亿元。

【梦的分析】

梳理一下梦者雯雯曾经所历所见所闻。

（1）雯雯就职于一家几十人的公司，这些年来公司平稳运行，没有出现过入不敷出的情况。

（2）雯雯从媒体上了解到，一些公司发展壮大后，就开设分公司，有的是按地域开设，如上海分公司、海南分公司。有的是细分业务种类开设，如道路分公司、桥隧分公司。

（3）雯雯从媒体上了解到，近些年，有的公司开设分公司失败了，亏损不少。有的公司整体亏损，亏损金额上千亿元甚至上万亿元。

一番梳理后，该梦境是梦者雯雯曾经所历所见所闻的拼凑。雯雯就职于一家公司的场景，雯雯从媒体上了解到有的公司开设分公司后，分公司亏损的场景，雯雯了解到有的公司整体亏损上千亿元甚至上万亿元的场景等，在梦境中拼凑在一起了。

最近，雯雯浏览手机新闻，频频看到某地产公司亏损 2 万亿元以上的报道，于是梦境里就有了公司亏损的场景。可谓：日有所见，夜有所梦。

66. 车被围住的梦

阿宝做了个梦，梦见自己的私家车停在类似重庆的城市，被前后左右的车辆围住了。醒来后，阿宝觉得这个梦很怪异：自己的私家车最远只到过县城，从没有去过重庆这样的大城市。

【梦境】

在一个类似于山城重庆的大城市，这栋楼的二楼楼顶与另一条道路的路面平齐，那里有免费对居民开放的停车场，我的车就停在那停车场内。我有点急事要处理，准备去开车，发现自己的车前后左右被其他车辆围住了，根本出不来。

【梦的分析】

梳理一下梦者阿宝曾经所历所见所闻。

（1）阿宝结婚旅游，去的地方就是山城重庆。在重庆，房屋依山而建，有的楼房的楼顶与上面道路平齐。

（2）阿宝生活在乡镇，那里有一些停车场，免费对居民开放。免费停车场无人看守，阿宝就遇到过自己的私家车被前后左右车辆围住的情况。

梳理后，该梦境是阿宝曾经所历所见所闻的拼凑。阿宝结婚旅游时看见重庆房屋依山而建的场景，阿宝所在乡镇有一些免费停车场，在那里阿宝的私家车被前后左右车辆围住的场景，在梦境中拼凑在一起了。

梦境前一周，阿宝的私家车在乡镇免费停车场被围住了，出不来，于是梦境里就有了车被围住的场景。可谓：日有所历，夜有所梦。

67. 上铺下铺的梦

阿林做了个梦，梦见与公司的同事老万一个睡上锥一个睡下铺。醒来后，阿林觉得这个梦境很蹊跷：自己从来没有和老万分睡过高低床上下铺。

【梦境】

公司同事老万睡在下铺，我睡上铺。睡觉前我是头枕两个枕头，一个浅色的一个深色的。等我醒来，那浅色的枕头还在床头，深色的枕头掉到地面了。我从上铺下来，看见老万在他的下铺打坐，双腿盘在床上，挺胸收腹，双手合拢放在胸前，闭目养神的样子。我告知老万，我的随身小包落在父母家，忘拿了，得回去拿包。

【梦的分析】

梳理一下梦者阿林曾经所历所见所闻。

（1）老万是阿林的公司同事，两人曾一起出差过，住一个标间。

（2）阿林高中、大学学习期间，住高低床，上铺一个人，下铺一个人。

（3）结婚后，晚上睡觉时，阿林习惯性头枕两个枕头，一个浅色的一个深色的。有时早上醒来会发现，有一个枕头掉到地上了。

（4）前几年，阿林去精神专科医院看望病人时，看见一位精神障碍患者在病床上打坐，双腿盘在床上，挺胸收腹，双手合拢放在胸前，闭目养神的样子。

（5）近些年来，阿林去看望父母时，有那么一两次将随身小包忘在父母家了。

一番梳理后，该梦境是阿林曾经所历所见所闻的拼凑。阿林与同事老万曾在一个房间休息过的场景，阿林高中和大学期间睡那种上下铺的场景，结婚后阿林头枕两个枕头的场景，阿林在精神专科医院看见有人在床上打坐的场景，阿林看望父母时偶尔落下了随身小包的场景等，在梦境中拼凑在一起了。

梦境前3天，阿林家来了几位亲戚，晚上休息时用到了几年没用的高低床，于是梦境里就有了上铺下铺的场景。可谓：日有所见，夜有所梦。

68. 升旗仪式的梦

晓京做了个梦，梦见公司举行升旗仪式。醒来后，晓京觉得这梦很蹊跷：现实中，公司升旗仪式前，从来不清点人数的。

【梦境】

公司举行升旗仪式，公司老总是活动指挥。老总先清点了一下公司领导层成员，一共是6位。接着清点了公司中层人数，一共是112位。最后清点了公司员工总人数，一共是978位。公司老总发出指令后，伴随着音乐节拍，开始了升旗仪式。

【梦的分析】

梳理一下梦者晓京曾经所历所见所闻。

（1）重大节日，晓京所在的公司会举行升旗仪式。仪式中，公司老总亲力亲为，担任活动指挥。随着公司老总一声令下，伴随着音乐节拍，开始了升旗仪式。

（2）晓京所在公司的领导层有6名成员，中层人数112人，全公司员工数为978人。

（3）晓京所在公司召开中层会议和全员大会时，会清点到会人员情况。

一番梳理后，该梦境是晓京曾经所历所见所闻的拼凑。重大节日晓京所在公司举行升旗仪式的场景，晓京所在公司有6名领导、112名中层、978名员工的场景，召开中层会和全员大会时晓京所在公司会清点人员的场景等，在梦境中拼凑在一起了。

梦境前一天，晓京所在公司举行了升旗仪式，于是晓京的梦境里就有了升旗仪式的场景。可谓：日有所历，夜有所梦。

69. 回老房子的梦

晓明做了个梦，梦见老父亲提出回老房子住。醒来后，晓明觉得这个梦境蹊跷：现实中，老父亲和晓明住在一起，没提出过回老房子住啊。

【梦境】

80多岁的老父亲对我说："明天开始，我回老房子住。"我说："老房子在七楼，没有电梯，您骨折动过手术，每天上下楼吃不消的。"父亲说："我慢慢爬上去后，就少下楼，每天自己下面条吃。"

【梦的分析】

梳理一下梦者晓明曾经所历所见所闻。

（1）晓明的父母曾经居住的老房子在步梯房 7 楼，前几年母亲去世后，晓明和妻子将父亲从老房子接到身边，便于照顾父亲。

（2）晓明和妻子居住的房子虽然小了点，但有电梯，对于曾经骨折做过手术的父亲来说，上下楼要方便些。

（3）晓明和妻子要上班，父亲自己下面条解决早餐问题。

（4）2022 年底晓明患上了病毒性肺炎，为了避免交叉感染，晓明搬到父母曾经居住过的老房子，在那里隔离了半个月时间。

一番梳理后，该梦境是晓明曾经所历所见所闻的拼凑。晓明的父亲曾经居住在步梯房 7 楼的场景，母亲去世后，晓明的父亲被接到电梯房一起居住的场景，晓明的父亲自己下面条解决早餐的场景，晓明曾经在老房子隔离的场景等，在梦境中拼凑在一起了。

梦境前两天，父亲告诉晓明，他慢慢爬楼，回老房子拿了点小物件，于是晓明的梦境里就有了回老房子的梦。可谓：日有所闻，夜有所梦。

70. 一个人说的梦

阿泉做了个梦，梦见母亲笑着说话。醒来后，阿泉觉得这个梦很蹊跷：现实中，母亲已经去世快 3 年了，怎么可能在饭桌上对我说话呢？

【梦境】

晚餐做了鱼，吃鱼时，我被鱼刺卡住了。不敢发声，起身准备去厕所呕吐。身旁的妻子说了句："你又被鱼刺卡住了。"在厕所，我左手顶住喉咙，声嘶力竭地呕吐。几轮过后，鱼刺终于被反吐出来了，我如释重负，好不轻松。

回到饭桌，我模仿着妻子刚才那句话"你又被鱼刺卡住了"，然后又说了句"我不生气，我不生气"。母亲见我轻松了，笑着回应了一句："都是你一个人在说。"

【梦的分析】

梳理一下梦者阿泉曾经所历所见所闻。

（1）阿泉喜欢吃鱼，又容易被鱼刺卡住，属于屡战屡败、屡败屡战的一类人。从小到大，阿泉家里最常见的菜便是鱼，有红烧鱼、清蒸鱼、油炸鱼。

（2）经历过多次卡刺，阿泉渐渐摸索出对付卡刺的办法来，一是吃鱼时要慢；二是吃鱼时不说话；三是吃鱼时不和米饭一起吞咽；四是喉咙稍有卡刺的感觉，便立马起身去厕所，用左手顶住喉咙，使劲呕吐。

（3）阿泉被鱼刺卡住后，妻子常说的一句话是"你又被鱼刺卡住了"。

（4）阿泉的母亲还健在的时候，阿泉喜欢模仿家人说话，再搭配一两句自己的话，像在说单口相声。此时此刻，母亲会笑着对阿泉说"都是你一个人在说"。

一番梳理后，该梦境是阿泉曾经所历所见所闻的拼凑。阿泉喜欢吃鱼，经常被鱼刺卡住的场景，阿泉卡刺后用左手顶住喉咙使劲呕吐的场景，阿泉卡刺后妻子嘴边一句"你又被鱼刺卡住了"的场景，母亲生前笑着对阿泉说"都是你一个人在说"的场景等，在梦境中拼凑在一起了。

梦境当天，离阿泉母亲去世 3 周年只差一天，阿泉想着 3 周年忌日时得摆上碗筷，祭拜母亲，于是梦境里就有了母亲和一家人在一起有说有笑吃饭的场景。可谓：日有所思，夜有所梦。

71. 岗位平调的梦

　　袁先生做了个梦，梦见自己被平调到一家濒临破产的子公司。醒来后，袁先生觉得这个梦很怪异：现实中，自己一直在子公司工作，并没有被调动到其他子公司啊。

【梦境】

　　集团公司旗下的一家子公司管理混乱、濒临破产，集团公司决定向这家子公司派出新的管理团队。我属于新的管理团队成员，虽不情愿，却只能服从安排，平调到这家公司从事政工工作。新的管理团队中，有两人是从集团公司旗下其他子公司人员中提拔后安排过来的。这家子公司原来的经理，被撤职安排在和我在一个部门。

【梦的分析】

　　梳理一下袁先生曾经所历所见所闻。

　　（1）袁先生大学毕业后，进入一家集团公司下属的子公司从事政工工作，20多年来平平安安，没有什么大起大落。

　　（2）前两年，袁先生所在子公司的经理犯了错误，被撤销了管理职务，安排到袁先生这个部门工作。

　　（3）袁先生的一些朋友在集团公司下属的另一家子公司，那家子公司管理混乱，已濒临破产。集团公司最近向那家子公司派出了新的管理团队，新的管理团队成员中，有两人是从集团公司旗下其他子公司人员中提拔后安排过来的。

　　一番梳理后，该梦境是袁先生曾经所历所见所闻的拼凑。袁先生在子公司从事政工工作的场景，子公司经理被撤销职务后和袁先生在同一个部门工作的场景，集团公司向管理混乱的那家子公司派出新的管理团队的场景，新的管理团队中有两名成员是从其他子公司提拔过来的场景等，在梦境中拼凑在一起了。

梦境前两天，袁先生的一位朋友在子公司内部岗位平调，于是袁先生的梦境里就有了岗位平调的场景。可谓：日有所历，夜有所梦。

72. 被人讹诈的梦

阿祥做了个梦，梦见自己被一屠夫讹诈，差点要买下半扇猪肉的1/3。醒来后，阿祥觉得这个梦很怪异：现实中，自己没有被屠夫讹诈过啊。

【梦境】

我和才奎一起在人行道上走着，我推着一辆老式二八自行车。走了一段后，才奎来替换我推自行车。推着推着，才奎没有握好把手，将自行车推倒了。旁边是一卖肉的摊子，半扇猪肉就放置在地面上，仅仅用了一层彩条布将猪肉和地面隔离开。自行车倒地后，前轮指向半扇猪肉的1/3部位。那卖肉的屠夫膘肥体壮，右手抡起大砍刀，左手指着那半扇猪肉的1/3部位，对着我们说：你们是要从这里开始砍开吧。吓得我和才奎连连道歉，说我们不是来买肉的，是不小心摔倒了。

【梦的分析】

梳理一下阿祥曾经所历所见所闻。

（1）阿祥和才奎是好朋友，两人经常相约走路。

（2）阿祥有一辆老式二八自行车（自行车车轮半径为28厘米），跟随阿祥30多年了。上坡路时，阿祥会推着自行车前行。

（3）儿子七八岁大时，阿祥就教他学骑自行车。儿子没有握好把手的话，自行车就会倒下来。

（4）十几年前，阿祥见识过路边讹诈人买布料的临时摊子。骗子请路人帮忙量一量需要多少布料，然后"啪"的一声扯下一大块布料，逼着丈二和尚摸不着头脑的路人高价买下这扯下的布料。

（5）阿祥看见过膘肥体壮、杀猪卖肉的屠夫，他们用大砍刀将猪劈成两半，再分解成条状或块状，放置在地面的彩条布上。

一番梳理后，该梦境是阿祥曾经所历所见所闻的拼凑。阿祥和才奎经常一起走路的场景，阿祥自己推着老式二八自行车的场景，阿祥的儿子没有握好把手时将自行车弄倒的场景，阿祥见识过讹诈人买布料的场景，阿祥看见过膘肥体壮的屠夫抡起大砍刀的场景等，在梦境中拼凑在一起了。

梦境前两天，阿祥看见有人在路边摆着十几件人造革夹克，谎称是羊皮夹克，忽悠路人购买，于是梦境里就有了讹诈人的场景，可谓：日有所见，夜有所梦。

73. 背着外婆的梦

阿芳做了个梦，梦见自己背着外婆，在公园里游玩。醒来后，阿芳觉得这个梦很怪异：现实中，外婆已去世快 10 年了，外婆健在时自己从来没有背过外婆啊。

【梦境】

在公园里，我背着 80 多岁的外婆，带着她这边看看，那边瞧瞧。外婆很开心，在我的后背上摆动着双腿。

【梦的分析】

梳理一下梦者阿芳曾经所历所见所闻。

（1）阿芳的外婆去世快10年了。小时候，阿芳的外婆和妈妈背着阿芳，到公园游玩。

（2）阿芳成家，有了孩子后，节假日阿芳会背着孩子去公园，带着孩子这边看看，那边瞧瞧。孩子在阿芳的后背上摆动着双腿，开心极了。

（3）在公园里，阿芳看见过50多岁的儿子背着80岁左右的老母亲，这边看看那边瞧瞧。背累了，儿子将老母亲放置在长条椅子上休息会儿，休息好了，接着背着老母亲游园。

一番梳理后，该梦境是阿芳曾经所历所见所闻的拼凑。阿芳的外婆和妈妈背着小时候的阿芳在公园游玩的场景，阿芳成家有了孩子后，背着孩子在公园这边看看那边瞧瞧的场景，阿芳看见过50多岁的儿子背着80岁左右的老母亲游园的场景等，在梦境中拼凑在一起了。

梦境前一天，阿芳看见成年儿子背着年迈母亲游园，于是梦境里就有了背着老人的场景。可谓：日有所见，夜有所梦。

74. 请客吃饭的梦

在一家销售公司工作的小程做了个梦，梦见公司肖经理要小程自掏腰包请客吃饭。醒来后，小程觉得这个梦很怪异：现实中，公司肖经理没有这样要求过我啊。

【梦境】

肖经理吩咐我，要我在饭馆订个席位，自掏腰包请公司几位同事一起吃个饭，聊聊天，联络一下感情，便于日后开展工作。

【梦的分析】

梳理一下小程曾经所历所见所闻。

（1）小程在一家销售公司工作，肖经理是小程的直接上司。

（2）为了公司发展，肖经理有时吩咐小程去饭馆订席位，然后带着小程去饭馆陪客户吃饭，餐费从公司业务招待费中支出，不用自掏腰包。

（3）去年小程的弟弟新入职，为了弟弟和同事搞好关系，小程自掏腰包，在饭馆订了个席位，请弟弟的同事们一起吃了个饭，聊聊天，联络一下感情，便于弟弟日后工作。

一番梳理后，该梦境是小程曾经所历所见所闻的拼凑。小程在销售公司上班，直接上司是肖经理的场景，肖经理有时吩咐小程去饭馆订席位商请客户的场景，小程自掏腰包请弟弟的同事们吃饭的场景等，在梦境中拼凑在一起了。

梦境当天，小程和几位同事在一起 AA 制吃烧烤，于是晚上的梦境里就有了吃饭的场景。可谓：日有所历，夜有所梦。

75. 组员开会的梦

小吕做了个梦，梦见组长说小吕"基本上在做事"。醒来后，小吕觉得这个梦很蹊跷：现实中，组长从来没有当众点评过我啊。

【梦境】

小组成员到齐了，组长老阳一一点评其他 7 位组员的表现。点评到我时，组长说我"基本上在做事"。我心里有些不服气：每天我比正常上班时间提前一个小时来车间，做清洁，做准备，上班期间勤勤恳恳，这样只能算"基本上在做事"啊。一想到组长就是这风格，鸡蛋里都能挑出骨头来，我还是忍住了。

【梦的分析】

梳理一下小吕曾经所历所见所闻。

（1）小吕在工厂上班，组长是老阳，组内全部成员有8位。

（2）每周一早上，组长老阳都会召集全体组员开会，简单回顾上一周的工作，部署本周主要任务。

（3）每天小吕都会比正常上班时间提前一个小时来车间做清洁做准备，上班期间勤勤恳恳。

（4）组长老阳管理严格，对组员要求较高，勤勤恳恳做事的组员在老阳眼中只是"基本上在做事"，表现一般的组员在老阳眼中属于"得过且过"。老阳这种风格，其他7位组员都心知肚明。想到老阳为人并不坏，只是严厉了些，组员们也就隐忍不发。

一番梳理后，该梦境是小吕曾经所历所见所闻的拼凑。小吕所在小组有八位成员，老阳是组长的场景，每周一早上老阳召集组员开会的场景，小吕勤勤恳恳上班的场景，老阳为人不坏，只是严厉了些的场景等，在梦境中拼凑在一起了。

梦境当天是周一，组长老阳召集全体组员开会，于是当晚的梦境里就有了组员开会的场景。可谓：日有所历，夜有所梦。

76. 同事晚育的梦

阿琳做了个梦，梦见同事蓝主任、章主任两口子的一儿一女只有七八岁大。醒来后，阿琳觉得这个梦境很怪异：现实中，同事蓝主任、章主任两口子的儿子已经成家立业了，他们两口子也不是住在一间平房里，而是住在两居室的电梯房里。

【梦境】

走进蓝主任、章主任家，他们住在单位附近的一间平房里，不过面积比较大，估计有三四十平方米。房内沿墙摆放了三张床，中间是写字桌、饭桌之类的家具。他们年龄过了50岁，但家里的一儿一女只有七八岁大。蓝主任笑着对我说："我们两口子是晚育，40岁才有第一个孩子。"

【梦的分析】

梳理一下梦者阿琳曾经所历所见所闻。

（1）蓝主任、章主任两口子50岁了，他们都是阿琳的同事。蓝主任为人谦和，对人说话总是一脸笑容。他们的儿子20多岁，已经成家立业了。

（2）阿琳去过一些住房老旧且狭小的人家，他们中有的一家四五口人只有一间三四十平方米的房子。房子中间是写字桌、饭桌之类的家具，两三张床沿着墙壁摆放着。

（3）阿琳的朋友中，有的生养了两三个小孩，七八岁大。

（4）阿琳的同事中，有的是晚婚晚育，五十岁的人了，孩子只有七八岁。有的因为这样那样的原因，50岁的人了，连孩子都没有。

一番梳理后，该梦境是阿琳曾经所历所见所闻的拼凑。五十岁的蓝主任、章主任两口子是阿琳同事的场景，阿琳去过一些老旧且狭小住房的场景，阿琳的朋友中，有的生养了两三个小孩，七八岁大的场景，阿琳的同事中有的晚婚晚育的场景等，在梦境中拼凑在一起了。

梦境前一天，阿琳在大街上遇见了七八岁大的兄妹俩，他们的爸妈已经50岁了，于是阿琳的梦境里就有了晚育的场景。可谓：日有所见，夜有所梦。

77. 脸部受伤的梦

晓斌做了个梦，梦见他将同事宏辉的脸部抓伤了。醒来后，晓斌觉得这个梦境很怪异：现实中，自己和同事宏辉关系很好的，从没有发生过口角，更没有动手伤害过对方。

【梦境】

和同事宏辉争论起来，无意中，我右手食指钩住了宏辉的上嘴唇，退出食指后，宏辉的上嘴唇被拉开了一个口子，连带地，宏辉的一个鼻孔也被拉开了一个口子。宏辉居然感觉不到疼，嘴唇和鼻孔也没有流血，宏辉继续说着话，说出来的话我听着有些像因为缺牙而漏风的感觉。

【梦的分析】

梳理一下梦者晓斌曾经所历所见所闻。

（1）宏辉是梦者晓斌的同事，两人关系很好。共事以来，口角都不曾发生过。

（2）晓斌的小孩正是上幼儿园的年龄，有一次孩子从幼儿园回家后，对晓斌说牙齿疼，晓斌用食指钩住孩子的上嘴唇，看牙齿和牙龈是否受伤。

（3）晓斌见识过一位车祸中受伤的男孩，这男孩上嘴唇和一个鼻孔被拉开了一个口子。

（4）晓斌的一位朋友曾经在医院接受嘴唇和鼻孔修补手术。这位朋友手术后告诉晓斌，在麻药作用下，病人感觉不到疼，手术过程中也没怎么流血，从手术室被推回病房后，和前来探视的亲朋好友沟通时，因为麻药药性尚未全部退去，说出来的话有点牙齿不关风的感觉。

一番梳理后，该梦境是晓斌曾经所历所见所闻的拼凑。宏辉是梦者晓斌的同事的场景，晓斌曾经用食指钩住自己孩子的上嘴唇的场景，晓斌见识过一位男孩车祸中上嘴唇和一个鼻孔被拉开了口子的场景，晓斌的一位朋友接受嘴唇和鼻孔修补手术时，既没有怎么流血也感觉不到疼，术后被推回病房，说出来的话感觉像牙齿有点不关风的场景等，在梦境中拼凑在一起了。

梦境前两天，晓斌的一位同事脸部长了个脓疱，做了个小手术，于是，晓斌的梦境里就有了脸部受伤的场景。可谓：日有所见，夜有所梦。

78. 步入公厕的梦

小谢做了个梦，梦见自己将小背包遗忘在公厕里，几个小时后背包居然还在原地方，里面的物件也没有丢失。醒来后，小谢觉得这个梦很怪异：现实中自己从没将背包遗忘在公厕的情况。

【梦境】

早上，我走进办公楼四楼的男公厕，将小背包挂在如厕处附近的挂钩上。上完厕所，却忘了取下背包。下班前，又一次去办公楼四楼的男公厕，还是早上来过的蹲位，发现自己的小背包几个小时一直在挂钩上。取下背包看了看，里面的物件无一遗失，真神了。回家后将背包失而复得的喜事告诉母亲，母亲很开心。

【梦的分析】

梳理一下小谢曾经所历所见所闻。

（1）小谢办公室在四楼，每天上班期间总要去几趟男公厕。男公厕内每个蹲位处，都有一个挂钩，方便如厕者。

（2）小谢有一个小背包，里面放置着小谢经常用到的物件：身份证、钱夹、雨伞等。

（3）有一次，小谢上午去其他办公室办事，不小心将小背包遗忘在那里，直到下班前才想起来，赶急赶忙地去那个办公室，小背包还在原地方，里面的物件无一遗失。回家后，小谢将背包失而复得的喜事告诉母亲，母亲很开心。

一番梳理后，该梦境是小谢曾经所历所见所闻的拼凑。小谢上班期间每天要去几趟办公楼公厕的场景，小谢上下班背着小背包的场景，小谢将小背包遗忘在其他办公室，下班前找回来了的场景等，在梦境中拼凑在一起了。

梦境前两天，妻子告诉小谢：她最近吃坏了肚子，上下班途中急急忙忙找公厕，于是，小谢的梦境里就有了步入公厕的场景。可谓：日有所闻，夜有所梦。

79. 不愿搭档的梦

阿名做了个梦，梦见车间主任将自己和阿青分在一个组。醒来后，阿名觉得这个梦很蹊跷：现实中，阿青已经去世3年多了，车间主任怎么可能将阿青与我分在同一个组呢？

【梦境】

车间主任宣布了分组名单，阿青和我被分在一个组。我知道阿青是个眼高手低、不好共事的人，听到这个分组名单后，我不乐意了，对车间主任说："要是这样分组的话，我只有辞职了。"

【梦的分析】

梳理一下梦者阿名曾经所历所见所闻。

（1）阿青已经去世3年多了。去世前，阿青和阿名是同一个车间但不同组的同事。

（2）阿名从其他同事口中了解到，生前的阿青有点眼高手低，不太好和同事相处。

（3）阿名所在车间工人分成三个组，一年时间后，组内人员会有所调整。每逢调整，有人欢喜有人愁，听到难相处的人要和自己一个组，一些人就难免出现抵触情绪。

一番梳理后，该梦境是阿名曾经所历所见所闻的拼凑。阿青曾经是阿名一个车间同事的场景，阿青有点眼高手低、不太好共事的场景，阿名所在车间每年进行组内人员调整时，有人欢喜有人愁的场景等，在梦境中拼凑在一起了。

梦境前一天，阿名与同组同事出现了一点不愉快，于是梦境里就有了不愿搭档的场景。可谓：日有所历，夜有所梦。

80. 老人坠床的梦

阿强做了个梦，梦见老父亲从床上滚落下来了。醒来后，阿强觉得这个梦很怪异：现实中，老父亲没有过坠床的经历啊。

【梦境】

老父亲住在两居室内的一个房间，我和妻子住另一个房间。晚上听到响声，我赶紧披衣起床，按亮父亲的房灯。父亲从床上滚落下来了，看见我，小孩般不好意思地笑着。父亲听得见我的问话，但不能说话，无法回答我。

【梦的分析】

梳理一下梦者阿强曾经所历所见所闻。

（1）阿强有套两居室的老旧步梯房，老父亲住一间，阿强和妻子住另一间。

（2）老父亲上年纪了，晚上会有咳嗽等身体不适行为。阿强晚上听到响声，会赶紧披衣起床，按亮父亲的房灯，看看父亲有什么需要帮助的。

（3）十几年前，阿强听母亲说过，小时候的阿强睡觉不安稳，有两次从床上滚落下来，好在没什么大碍。母亲抱起阿强后，醒过来的阿强不好意思地对母亲笑着。

（4）阿强从媒体上了解到，人上年纪后，一些功能逐渐退化，有的老人听得见问话，但不能说话不能回答。

一番梳理后，该梦境是阿强曾经所历所见所闻的拼凑。阿强和老父亲居住在两居室房内的场景，老父亲晚上有个风吹草动，阿强赶紧起床看望的场景，阿强小时候曾经从床上坠落下来的场景，阿强从媒体上了解到有的老人功能退化后听得见问话但不能回答的场景等，在梦境中拼凑在一起了。

梦境前一天晚上，阿强的父亲有些咳嗽，阿强起床开灯看望，于是第二天晚上的梦境里就有了开灯看望父亲的场景。可谓：日有所忧，夜有所梦。

81. 学术会议的梦

毕博士做了个梦，梦见自己和昔日的两位同事在同一个学术会议会场碰面了。醒来后，毕博士觉得这个梦境很蹊跷：现实中，我们三人不是同一个专业方向，怎么参加同一个学术会议来了呢？

【梦境】

马博士、项高工是曾经的同事，他俩一个研究血液，一个专心财会。在一个学术会议会场，我和他俩碰面了。热情握手、打招呼后，回到各自的座位上。

【梦的分析】

梳理一下梦者毕博士曾经所历所见所闻。

（1）10年前，毕博士与马博士、项高工是同一个研究机构的同事，三人专业方向分别是生物化学、血液技术，财会管理。

（2）现在的毕博士离开了原机构，加盟到一家医院，从事实验室检测工作。

（3）一个月前，毕博士回原机构办事，在办公楼遇见了昔日同事马博士、项高工。三人热情握手、打招呼，询问彼此近况。

一番梳理后，该梦境是毕博士曾经所历所见所闻的拼凑。梦者与马博士、项高工虽专业不同，但曾经是同一家机构同事的场景，毕博士离开原单位后加盟一家医院的场景，毕博士回原机构办事，与昔日同事马博士、项高工相逢后，三人热情握手、打招呼的场景等，在梦境中拼凑在一起了。

梦境前一天，作为医院学术委员会委员的毕博士，参加了医院科研与学术会议管理规定的讨论，于是毕博士的梦境里就有了参加学术会议的场景。可谓：日有所思，夜有所梦。

82. 蛇入被窝的梦

阿灿做了个梦，梦见有两条蛇钻进了自己的被窝。醒来后，阿灿觉得这个梦境很怪异：现实中，从来没有出现过蛇钻进自己被窝的情况啊！

【梦境】

两条外形不怎么大的蛇，钻进了我的被窝。我找到了一条蛇，另一条蛇却没找到。想到这会是个隐患，如果被蛇咬伤了可不好。

于是从床上起来，将床铺翻了个遍，怎么着也要找出另一条蛇。

【梦的分析】

梳理一下梦者阿灿曾经所历所见所闻。

（1）在动物园里，阿灿见过那种外形不怎么大的蛇。

（2）在家里，阿灿的小外甥有蛇形玩具。外甥和阿灿闹着玩，将蛇形玩具放进阿灿的被窝里，冷不丁将阿灿吓了一跳。

（3）阿灿在床边剪指甲，两个大拇指的指甲被剪掉后，掉落在床上，一个找到了，捡拾起来，放进垃圾桶。另一个却暂时没找到，阿灿想到这会是个隐患，晚上休息时身体碰到了那被剪掉的指甲，会整夜睡不安稳的。于是将床铺翻了个遍，怎么着也要找到另一个被剪掉的大拇指指甲。

一番梳理后，该梦境是阿灿曾经所历所见所闻的拼凑。阿灿在动物园里见过那种外形不怎么大的蛇的场景，外甥将蛇形玩具放进阿灿的被子里，冷不丁将阿灿吓了一跳的场景，阿灿在床上找出了一个被剪掉的大拇指指甲，为了找出另一个而将床铺翻了个遍的场景等，在梦境中拼凑在一起了。

梦境前一天，一个小玩具不知道被阿灿的外甥藏到啥地方了，母亲四处翻找，包括阿灿的床铺，于是阿灿的梦境里就有了在床铺上翻找的场景。可谓：日有所见，夜有所梦。

83. 不忘鸣谢的梦

阿名做了个梦，梦见自己主张在书的最后部分，将支持、帮助该书出版的团体和个人一一罗列出来。醒来后，阿名觉得该梦很怪异：现实中，只看到电视剧或电影在最后部分，采取飞字的方式，将给予过支持的团体和个人一一罗列出来，而从来没有哪本书在最后部分这样做。

【梦境】

有本书即将出版，样书的最后部分是某公司出品，附带有这家公司的LOGO。我觉得要加上鸣谢，对支持、帮助该书出版的团体和个人一一地罗列出来，表示感谢。

【梦的分析】

梳理一下梦者阿名曾经所历所见所闻。

（1）阿名有部手稿，半年前联系一家出版社，不久前出版社给阿名寄来了样书。

（2）这是阿名即将出版的第一本书，为此阿名有很多感慨。在样书的最后部分，阿名特意写上了一段，对给予过支持的人表达了感谢感激之情。

（3）晚上下班后，阿名偶尔会看看电视剧、电影。在一些电视剧、电影的最后部分，采取飞字方式，表明是某公司出品，附带有这家公司的LOGO，并将给予过支持的团体和个人一一罗列出来。

一番梳理后，该梦境是阿名曾经所历所见所闻的拼凑。阿名收到了出版社寄来样书的场景，阿名在样书的最后部分表达感谢的场景，阿名观看电视剧、电影时，看见最后部分以飞字方式表明是哪家公司出品、哪些团体和个人给予过帮助的场景等，在梦境中拼凑在一起了。

梦境前一天，阿名收到了出版社寄来的样书，里面有一段致谢的文字，于是阿名的梦境里就有了鸣谢的场景。可谓：日有所历，夜有所梦。

84. 组长给钱的梦

晓灏做了个梦，梦见小组长桂林送了点钱给她。醒来后，晓灏觉得这个梦很怪异：现实中，小组长桂林从来没有送钱给我啊！

【梦境】

一群人在一起走着，桂林将我拉到旁边，送给我一个小纸袋。我问是啥，桂林说是一点钱，送给我的，前段时间我参与项目，辛苦了，是我应得的。我说不需要的，我做点力所能及的事，应该的。桂林说着说着哭起来，告诉我她心情不太好，让我不要推辞干活应得的这点报酬。我问她发生了什么事情，她说她最得力的同事婷婷去世了。我跟着她一起去吊唁，婷婷的遗体趴在门板上，几个人烧好开水后，往遗体上淋，说这是什么地方的风俗。

【梦的分析】

梳理一下梦者晓灏曾经所历所见所闻。

（1）晓灏和桂林、婷婷是一个班组的同事，桂林是班组的组长。

（2）3天前，桂林在下班的路上，将晓灏帮她垫付的网上购物款 200 元给了晓灏。

（3）晓灏参与过桂林牵头的一个项目，项目完成后，大家都很开心。

（4）晓灏乐于助人，她经常搀扶老年人过马路，给怀抱小孩的乘客让座，等等。对方向晓灏表达感谢时，晓灏总回答"是我应该做的"。

（5）一周前，组长桂林的一位要好的同学去世了，为此桂林伤心了好几天。

（6）遇到老同事去世，组长桂林会带上晓灏等前往吊唁。

（7）从网络上，晓灏看见过乡村杀年猪的场景，生猪趴在门板上，几个人将烧好的开水往生猪身上淋，便于下一步将猪毛刮掉。

（8）从网络上，晓灏知道人去世后，除了火葬，一些地方还有当地的风俗。

一番梳理后，该梦境是晓灏曾经所历所见所闻的拼凑。桂林是晓灏组长的场景，桂林在下班路上将垫付款给晓灏的场景，晓灏参与桂林牵头的一个项目的场景，晓灏乐于助人后，面对对方的谢意总回答"是我应该做的"的场景，桂林带着晓灏到逝者家吊唁的场景，晓灏从网络上看到的乡村杀年猪的场景，晓灏知道的一些地方在葬礼上有着不同风俗的场景等，在梦境中拼凑在一起了。

梦境当天是晓灏她们的工资发放日，于是晓灏的梦境里就有了钱的场景。可谓：日有所历，夜有所梦。

85. 饰演角色的梦

午间休息，阿乐做了个梦，梦见同事老李居然饰演了电视连续剧《大宅门》里的白七爷。醒来后，阿乐觉得这个梦境荒唐可笑：电视连续剧《大宅门》里的白七爷是陈宝国饰演的啊！

【梦境】

我的同事老李饰演了电视连续剧《大宅门》里的白七爷。随着《大宅门》热播，老李成了家喻户晓的人物。我有点怀疑这白七爷是不是我的同事老李饰演的，于是盯着同事老李细细看了看，哦，电视剧里的白七爷就是我同事老李饰演的。

【梦的分析】

梳理一下梦者阿乐曾经所历所见所闻。

（1）阿乐的同事老李，业余时间做群众演员，曾经在一部热播的电视连续剧中两次以群众演员出镜。

（2）前些年电视连续剧《大宅门》热播，白七爷的饰演者陈宝国受到不少观众好评。阿乐看过这部连续剧，觉得自己的同事老李和白七爷有几分相像。

（3）在大街上，阿乐看见十几米开外的一位路人，像是自己的熟人。于是阿乐走上前去，细细看了看路人，哦，这路人就是自己曾经的同学。

一番梳理后，该梦境是阿乐曾经所历所见所闻的拼凑。阿乐的同事老李在一部热播的电视连续剧中出镜的场景，同事老李与电视剧《大宅门》里白七爷的饰演者有些相像的场景，大街上阿乐走上前去细细观看疑似熟人的路人的场景等，在梦境中拼凑在一起了。

当天午饭时，阿乐和家人一起看了半个小时的电视剧，于是梦境里就有了电视剧及人物饰演者的场景。可谓：日有所见，夜有所梦。

86. 报销发票的梦

阿晶做了个梦，梦见自己有一张因公发票尚未报销。醒来后，阿晶觉得这个梦很蹊跷：现实中，自己从来没有遗漏过报销因公发票。

【梦境】

随身小包里发现了一张发票，金额是 1100 元，用途是培训费。想起来是两个月前，自己和另一位同事到外地参加一个培训班时的交费发票，还没到财务部门报销呢。于是找来证明人阿源、阿兰，请她们在发票上以证明人身份签名。

【梦的分析】

梳理一下梦者阿晶曾经所历所见所闻。

（1）参加工作后，阿晶随身带个小包，身份证、少许现金、票据等重要的东西都放在小包内。

（2）两个月前，阿晶和同事到外地参加过一个培训班，合起来培训费是 1100 元。

（3）培训班结束后，阿晶找来证明人阿源、阿兰，经过报销流程，将这笔培训费用报销了。

（4）阿晶的另一位同事老张，做事有点马虎，曾经将一张因公发票搁置了很久，才走流程予以报销。

一番梳理后，该梦境是阿晶曾经所历所见所闻的拼凑。阿晶随身带个小包，票据等重要东西放置在小包内的场景，两个月前阿晶和同事外出参加一个培训，合起来费用是 1100 元的场景，阿晶找来证明人阿源、阿兰报销费用的场景，阿晶的同事老张曾经将一张因公发票搁置很久才报销的场景等，在梦境中拼凑在一起了。

梦境前一天，阿晶有一笔因公费用等待报销，于是梦境里就有了报销发票的场景。可谓：日有所历，夜有所梦。

87. 紧急入院的梦

小敬做了个梦，梦见母亲被紧急送往医院。醒来后，小敬觉得这个梦很怪异：现实中，自己的母亲已经去世两年多了，怎么可能还被送往医院抢救呢？

【梦境】

母亲突然出现脑梗征兆，我和妻子还有父亲赶紧拦了一辆出租车，将母亲送往最近的一家综合医院。接诊医生说，神经内科没空置的病床了，临时安排在戒毒病区的一张床上，治疗由神经内科医生负责，问我们家属同不同意。救命要紧，我们立马同意了。母亲被安置在病床上后，我们三人商量起陪护排班的事。

【梦的分析】

梳理一下梦者小敬曾经所历所见所闻。

（1）梦境前一天，小敬的邻居大妈出现脑梗征兆，被家人紧急送往最近的一家三级综合医院。

（2）3年前，小敬的母亲病重，小敬和媳妇，还有小敬的父亲，一起拦出租车将母亲送往医院治疗。

（3）小敬从网络上了解到，脑梗病人多被送往神经内科治疗。如果病区床位不够，病人会被安排在病区走廊上加床，有的病人甚至被安排在其他病区，但治疗还是由神经内科医生负责。

（4）小敬从网络上了解到，三级精神专科医院设置了戒毒病区，帮助那些吸食过传统毒品或新型毒品的人戒断毒瘾。

一番梳理后，该梦境是小敬曾经所历所见所闻的拼凑。小敬的邻居大妈因脑梗征兆被家人紧急送往医院的场景，3年前小敬一家拦出租车，将病重的母亲送往医院治疗的场景，小敬从网络上了解到脑梗病人多被安排在神经内科治疗的场景，小敬从网络上了解到三级精神专科医院设置了戒毒病区的场景等，在梦境中拼凑在一起了。

梦境前一天，小敬的邻居大妈出现脑梗征兆，被家人紧急送往医院，于是小敬的梦境里便有了紧急入院的场景。可谓：日有所见，夜有所梦。

88. 互为邻居的梦

阿强做了个梦，梦见自家和另外两家被安置在小两层楼的二楼，互为邻居。醒来后，阿强觉得这个梦很蹊跷：现实中，自家和另外两家曾在低矮平房做过邻居，从来没有过在小两层楼的二楼互为邻居的经历啊！

【梦境】

三户人家被安排住在一栋小面积的二层楼内。一楼是架空层，只能放些无关紧要的东西。二楼住人，三家各一间。虽只有一间，面积有近20平方米，内空也高，三家各自在自己的一间房内，搭了阁楼。

【梦的分析】

梳理一下梦者阿强曾经所历所见所闻。

（1）10年前，阿强和另外两家被安置在低矮平房，互为邻居。一户一间房，面积近20平方米。

（2）阿强去过湘西等地方，那里的吊脚楼一楼是架空层，二楼才住人。

（3）阿强的大学同学，刚结婚时住在集体宿舍，一家只有一间房。集体宿舍内空较高，他们在各自的房内搭了阁楼。

一番梳理后，该梦境是阿强曾经所历所见所闻的拼凑。阿强家曾经与另外两家互为邻居的场景，阿强看到过湘西等地方那种吊脚楼房子的场景，阿强的大学同学结婚后在集体宿舍内搭了一间阁楼的场景等，在梦境中拼凑在一起了。

梦境当天，阿强与晓罡通了电话，晓罡一家曾经与阿强一家互为邻居，于是阿强的梦里就有了互为邻居的场景。可谓：日有所历，夜有所梦。

89. 遇见三妹的梦

阿琴做了个梦，梦见自己和三妹一起去给孩子买裤子。醒来后阿琴觉得这个梦境很蹊跷：现实中，三妹已经去世 4 年了，自己怎么可能和三妹一起去买东西呢？

【梦境】

在路上遇见了三妹，问三妹急匆匆去干什么。三妹说孩子又长个子了，裤子小了，得去给孩子买条裤子。我说，我陪你一起去吧。到了店铺，三妹看中了一条裤子，我想去买单，三妹坚决不让。

【梦的分析】

梳理一下梦者阿琴曾经所历所见所闻。

（1）三妹在世时，阿琴有几次在路上遇见三妹。三妹是个急性子，走路总是急匆匆的。

（2）阿琴身边的同事中，有几位是 30 多岁的女性，工作之余，她们说到各自孩子的成长点滴，说到孩子们个子长得太快了，稍不留神，鞋子就小了，裤子也短小半截了，得抽空去给孩子买鞋买裤子。

（3）阿琴性格大大咧咧，为人也爽快。三两同事在一起小聚时，阿琴总是抢着买单。有时，其他同事抢先一步，坚决不让阿琴买单。

一番梳理后，该梦境是阿琴曾经所历所见所闻的拼凑。三妹在世时，阿琴几次在路上遇见急匆匆的三妹的场景，阿琴的同事说起孩子们个子长得太快了，抽空去给孩子们买鞋子买裤子的场景，阿琴和同事小聚时抢着买单，有时同事坚决不让阿琴买单的场景等，在梦境中拼凑在一起了。

梦境当天，是二十四节气的大寒，阿琴看过一篇小说《大寒立碑》，讲述的是大寒那天为逝去的亲人立碑的场景，于是梦境里就有了逝去的三妹。可谓：日有所思，夜有所梦。

90. 调换沙发的梦

阿念做了个梦，梦见自己找同事帮忙，在二楼三楼间调换沙发。醒来后，阿念觉得这个梦有些怪异：现实中，自己没有在二楼三楼间调换过沙发啊！

【梦境】

办公楼二楼有一张长条沙发闲置着，比我们办公楼三楼这间办公室里的长条沙发长一点。那闲置着的长条沙发，中午可以用它来打个盹儿，我动了心思，请来同事晓泉帮忙。想着我和晓泉两个大男人，调换个沙发应该没问题。但想到在二楼三楼两个楼层间调换两张长条沙发，楼层间又没有电梯，觉得这活儿还是会比较辛苦的。

【梦的分析】

梳理一下梦者阿念曾经所历所见所闻。

（1）阿念所在的办公楼是那种老式步梯楼，阿念的办公室在三楼。因为与二楼业务联系紧密一些，阿念经常往返于二楼三楼之间。

（2）阿念同层的一间办公室，有一张长条沙发比阿念办公室里的长条沙发长一点，且长期闲置着。阿念有心将那闲置着的长条沙发调换过来，中午可以打个盹儿。

（3）晓泉是阿念的同事兼好朋友，两人经常相互帮衬。

（4）阿念有过帮同事办公室搬家的经历，从二楼搬到三楼，虽然只是些办公桌、接待沙发、文件柜之类，但没有电梯，全靠手托肩扛，这活儿还是比较辛苦的。

一番梳理后，该梦境是阿念曾经所历所见所闻的拼凑。阿念在那种老式步梯楼三楼办公的场景，阿念办公楼里有一张闲置的长条沙发，适合午间打盹儿的场景，阿念与晓泉经常相互帮衬的场景，阿念曾经参与过办公室搬家，从步梯楼二楼搬到三楼的场景等，在梦境中拼凑在一起了。

梦境前一天，阿念发现了同层办公楼有一张闲置的长条沙发，想调换过来方便午间打盹儿，于是梦境里就有了调换沙发的场景。可谓：日有所见，夜有所梦。

91. 送来花架的梦

晓凯做了个梦，梦见同事阿羲给办公室送来了一个花架。醒来后，晓凯觉得这个梦很蹊跷：现实中阿羲从没给办公室送过花架，办公室那盆文竹仍静静地放置在地面上啊！

【梦境】

午饭后，同事阿羲来我办公室，带来了一个半人高的木架子，说是送给我当花架。阿羲麻利地将放置在地面的那盆文竹挪开，看见那地方有些水渍，又去公厕找来拖把，将水渍拖干净。阿羲将木架子放置在拖干净的地方，弯腰将旁边的那盆文竹放置在木架上，笑着对我说："花上木架，看起来是不是协调一些啊。"

【梦的分析】

梳理一下梦者晓凯曾经所历所见所闻。

（1）阿羲和晓凯同在一栋楼内办公，是比较要好的同事、朋友，工作之余两人来往较多。

（2）晓凯的办公室有一盆文竹，就放置在地面上。

（3）上周，午饭后阿羲来晓凯的办公室，送给晓凯一个笔记本，对晓凯说："你的笔记本快用完了，我手头正好有一本新的。"

（4）晓凯去过其他同事办公室，喜欢养花养草的同事，为文竹、百岁兰、水仙等准备了半人高的木架子。花上花架，感官上觉得协调一些。

一番梳理后，该梦境是晓凯曾经所历所见所闻的拼凑。阿羲是晓凯的同事、朋友，工作之余来往较多的场景，晓凯办公室的那盆文竹放置在地面的场景，阿羲曾来晓凯办公室，送给晓凯一个新笔记本的场景，晓凯看见其他同事办公室花上花架的场景等，在梦境中拼凑在一起了。

梦境前一周，阿羲来晓凯办公室送新笔记本了，于是晓凯的梦境里就有了阿羲送东西的场景。可谓：日有所历，夜有所梦。

92. 单身宿舍的梦

晓名午休时做了个梦，梦见自己有一间单身宿舍。醒来后，晓名觉得这个梦很怪异：现实中，自己刚毕业时住过两年单身宿舍，是四人间那种，压根就没有单独一间，更没有什么宽大的老式雕花木床。至于那褪色了的毛巾被，是成家后购买的，使用了十几年后已经褪色了。

【梦境】

一排老旧平房，其中一间是我的单身宿舍，宿舍有两个门，与其他房间互通。门里门外各挂着一把钥匙，需要时拿钥匙开门。宿舍靠墙的方向，有一张老式雕花木床，很宽大却很陈旧了，看不出雕花的颜色。床上有我的旧垫絮旧床单，旧枕头旧盖被和一条褪色了的毛巾被。

【梦的分析】

梳理一下梦者晓名曾经所历所见所闻。

（1）刚参加工作时，晓名住过单位单身宿舍，4人一间的那种。

（2）在乡村，晓名见过那种明五暗十的老旧平房，堂屋旁的卧室有两个门，便于与其他房间互通。房内有着老式雕花木床，很宽大，因为陈旧已经看不出雕花的颜色。

（3）从电影、电视、网络等媒体上，晓名了解到20世纪80年代前的中国农村，多数人出门是不带钥匙的。钥匙就挂在门上，需要时拿钥匙开门，因为家里没有什么值钱的家当。

（4）从高中时期住校开始，一床垫絮、一床盖被、一条床单、一个枕头，伴随着晓名度过了高中、大学、单身阶段，颜色越来越淡，但晓名舍不得丢弃。

（5）一条蓝色毛巾被，是晓名成家后和妻子一起购买的。使用十几年后，已渐渐褪色。

一番梳理后，该梦境是梦者晓名曾经所历所见所闻的拼凑。晓名住过单身宿舍的场景，晓名见过那种房间互通，房内有着看不出颜色的老式雕花木床的老旧平房的场景，晓名从媒体上了解到的，四十年前多数中国农村人出门将钥匙挂在门上的场景，旧垫絮旧床单、旧枕头旧盖被伴随了晓名多年的场景，晓名成家后有一条褪色了的毛巾被的场景等，在梦境中拼凑在一起了。

梦境当天上午，晓名和同事到单位单身宿舍检查用电安全，于是梦境里就有了单身宿舍的场景。可谓：日有所历，夜有所梦。

93. 兵兵醒来的梦

阿莉做了个梦，梦见老公活过来了。醒来后，阿莉觉得这个梦很蹊跷：现实中，老公兵兵已经去世两年了，怎么可能活过来呢？

【梦境】

兵兵去世已经有一些时日了，我总觉得他应该能醒来，所以没有将遗体送往殡仪馆，而是用床单包裹好，放置在家里。隔三岔五，我会将他抱出来，放置在床上，和他拥抱一下，陪他说说话。这次陪他说话的时候，我母亲走过来，安慰我说："你得振作起来，他走了，你还得坚强活着。还有啊，你得送他去殡仪馆，总这么放置着也不是个事。"母亲说话的时候，我看到兵兵的眼睛渐渐睁开了。我太激动了，大声告诉母亲："兵兵醒来啦！"

【梦的分析】

梳理一下梦者阿莉曾经所历所见所闻。

（1）两年前，阿莉的老公兵兵因病去世了。

（2）阿莉的女儿有个小浣熊布偶玩具，老公离世后，女儿晚上睡觉前，将小浣熊用床单角包裹好，抱着小浣熊和它说说话。

（3）老公离世后一段时间，阿莉很难从痛苦中走出来。母亲时不时安慰阿莉，要阿莉振作起来。

（4）阿莉从媒体上了解到，一些乡村有将逝者遗体在家里短暂停放的习俗。在高温的夏季，遗体容易腐坏，这时有人便提议将遗体送往殡仪馆低温停放，或找来冰块降温。

（5）阿莉从媒体上看到过，昏迷的人经过一段时间后，渐渐睁开眼睛的场景。

一番梳理后，该梦境是阿莉曾经所历所见所闻的拼凑。老公兵兵因病去世的场景，老公去世后，女儿临睡前用床单角将小浣熊包裹好，抱着小浣熊和它说说话的场景，母亲鼓励阿莉，要阿莉振作起来的场景，从媒体上阿莉了解到，有人提议将逝者遗体送往殡仪馆低温停放的场景等，在梦境中拼凑在一起了。

梦境前一天，是阿莉老公兵兵两周年祭日，于是阿莉的梦境里就有了兵兵的场景。可谓：日有所思，夜有所梦。

94. 取暖方式的梦

晓敏做了个梦，梦见自己和老公商量后，由烧炕取暖改为空调取暖。醒来后，晓敏觉得这个梦境很怪异：现实中，自己家里冬天一直是空调取暖的，压根就没有炕，何来烧炕取暖啊？

【梦境】

这段时间，天气渐渐变冷，室内温度慢慢在降低。吃完晚饭、刷洗碗筷后，老公对我说："往年我们都是烧炕取暖，今年我们改为空调取暖，好吗？"我说："好啊，空调取暖简单又干净，还能减少火灾风险。"

【梦的分析】

梳理一下梦者晓敏曾经所历所见所闻。

（1）已是腊月，晓敏所在的城市天气渐渐变冷，室内温度慢慢在降低。

（2）成家后，家务活儿晓敏主打清洁清洗，老公负责炒菜做饭、刷洗碗筷。

（3）从媒体上，晓敏了解到东北、华北一带，步入寒冷的冬季后，农村人多烧炕取暖，而城市中多集中供暖。

（4）晓敏所在的城市没有集中供暖，也没有东北那种大炕，靠的是空调取暖。

（5）晓敏从媒体上了解到，较之于烧炕取暖，空调取暖既简单又干净，火灾风险较小。

一番梳理后，该梦境是梦者晓敏曾经所历所见所闻的拼凑。晓敏所在城市天气渐渐变冷的场景，在家里晓敏的老公负责刷洗碗筷的场景，晓敏从媒体上了解到北方农村，冬天烧炕取暖的场景，晓敏所在地方没有集中供暖也没有大炕，冬天靠的是空调取暖的场景，晓敏从媒体上了解到空调取暖简单又干净、火灾风险较小的场景等，在梦境中拼凑在一起了。

梦境前半个月时间，网上陆陆续续报道了几起火灾事故，于是晓敏的梦境里就有了改变取暖方式、减少火灾风险的场景。可谓：日有所思，夜有所梦。

95. 搭建窝棚的梦

晓康做了个梦，梦见自己和伙伴被冲到了荒无人烟的小岛上。醒来后，晓康觉得这个梦很蹊跷：现实中，自己从未被冲到小岛上过啊！

【梦境】

我和一位伙伴，被大水冲到了江中心的一个小岛上。小岛上荒无人烟，四面是汪汪一片的水。好在岛上有很多野生芦苇，也有一些灌木。我和小伙伴徒手折断一些灌木和芦苇秆，在一处地势略高的地方搭建起一个小窝棚。小窝棚不大，我俩钻进去后，就没什么剩余空间了。看着外面风雨交加，想着窝棚里尚能遮风避雨，我俩心情好了不少。

【梦的分析】

梳理一下梦者晓康曾经所历所见所闻。

（1）初中时期，晓康看过《鲁滨孙漂流记》，里面描述了鲁滨孙被冲到了一个荒无人烟的岛上，四面是汪汪一片的水。

（2）前年夏季，晓康和一位伙伴去了30公里外的江中心小岛上。那里荒无人烟，有很多野生芦苇，也有一些灌木。

（3）晓康去过乡村，看见瓜农在瓜地中央搭建的小窝棚。小窝棚不大，只够一两个人猫进去，但可以遮风挡雨。

（4）在风雨交加的日子，晓康透过家里的窗户玻璃，看到那些在风雨中讨生活的人，就觉得自己很幸福。

一番梳理后，该梦境是梦者晓康曾经所历所见所闻的拼凑。晓康从《鲁滨孙漂流记》里了解到的，人被冲到荒无人烟的岛上，四面是汪汪一片水域的场景，晓康和伙伴去过江中心岛上，岛上有很多野生芦苇和一些灌木的场景，晓康见过瓜地中央那种小窝棚的场景，风雨交加的日子晓康在风吹不着、雨淋不到的地方觉得自己很幸福的场景等，在梦境中拼凑在一起了。

梦境前一天，晓康所在的城市下起了大雨，雨水沿着窗户缝隙渗透到室内，于是晓康的梦境里就有了搭建窝棚、遮风避雨的场景。可谓：日有所历，夜有所梦。

96. 年度评价的梦

阿东做了个梦，梦见职工代表周先生发言，对公司管理层上年度工作进行评价。醒来后，阿东觉得这个梦很怪异：现实中，周先生属于那种台下颇能搞笑、台上不言不语的人，压根就不是什么职工代表。

【梦境】

年初，会议室里，公司职工代表对公司管理层上年度工作进行评价。职工代表周先生笑着发言："从德能勤绩廉五个维度来看，上年度公司领导班子都做得挺好的，我觉得公司管理层 7 位成员，都算得上优秀。"

【梦的分析】

梳理一下梦者阿东曾经所历所见所闻。

（1）这些年，阿东所在的公司，每年年初在公司会议室召开职工代表大会，对公司管理层 7 位成员上年度工作，按照"德能勤绩廉"五个维度进行评价，评价分为优秀、合格、基本合格和不合格。

（2）周先生是阿东的公司同事，周先生属于那种台下颇能搞笑、台上不言不语、活泼有余、紧张不足的人，入职公司以来从没有被推选为职工代表。

（3）阿东的好朋友冬清是公司多年的职工代表。阿东了解到，每逢职工代表大会，冬清对公司管理成员总是竖起大拇指称赞。

一番梳理后，该梦境是阿东曾经所历所见所闻的拼凑。每年年初，阿东所在公司召开职工代表大会，对公司管理层年度工作进行评价的场景，阿东的同事周先生颇能搞笑的场景，阿东的好朋友冬清每年在公司职工代表大会上充分肯定公司管理层工作的场景等，在梦境中拼凑在一起了。

梦境当天，阿东所在的公司召开了职工代表大会，于是梦境里就有了年度评价的场景。可谓：日有所闻，夜有所梦。

97. 厘清长短的梦

阿珍做了个梦，梦见参加工作两年的儿子小剑和自己谈心。醒来后，阿珍觉得这个梦很蹊跷：现实中，工作后的小剑没有和自己正儿八经谈过心啊。

【梦境】

晚饭后，在家里，小剑拉着我的手坐在长条沙发上，对我说："过去的一年，我最大的收获是，知道了哪些是自己的短板和不足，哪些是自己的强项和长处。厘清长短、看清自己后，能够在新的一年扬长避短，做得好一些。"

【梦的分析】

梳理一下梦者阿珍曾经所历所见所闻。

（1）晚饭后，阿珍和老公还有儿子小剑，习惯性坐在长条沙发上，看一下《新闻联播》等电视节目。

（2）阿萍是阿珍的好同事、好朋友，两人隔三岔五在午间休息时间，手拉着手，坐在一起说说话、聊聊天。

（3）在儿子小剑大学前的教育上，阿萍很是关注，付出了很多心血。每个学期阿萍都要和儿子谈一次心，告诉儿子哪些是自己学习上的短板和不足，哪些是自己的强项和长处，以便下学期扬长避短。

（4）儿子大学毕业后参加工作，阿珍相信儿子有了自己处理问题的能力，不再正儿八经和儿子谈心了。

一番梳理后，该梦境是阿珍曾经所历所见所闻的拼凑。晚饭后，阿珍习惯性和儿子小剑坐在家里长条沙发上的场景，阿珍和阿萍手拉着手、一起说话聊天的场景，儿子上大学前，阿珍每学期和他谈心，帮助他厘清长短的场景等，在梦境中拼凑在一起了。

梦境前一天，阿珍和另一位同事因为沟通不畅，闹得有点不开心，阿珍静下来思考了一下哪些是自己的问题，需要怎么调整，于是梦境里就有了厘清长短的场景。可谓：日有所历，夜有所梦。

98. 分田到户的梦

阿胜做了个梦，梦见自己成了农业户口，还能分到田地。醒来后，阿胜觉得这个梦境很怪异：现实中，自己生活工作在城里，是非农业户口啊。

【梦境】

生产队开会，商议分田到户的事。在一间老旧堂屋中，聚集了各家的代表，有 20 多人。老戢是队长，在对各家的代表讲话。在这间堂屋中，我和阿芳也参加了分田的会。阿芳和我是从非农业户口转到生产队，成为农业户口的，没想到我们两家这次也能分到田地，为此两家都很开心。

【梦的分析】

梳理一下梦者阿胜曾经所历所见所闻。

（1）从电影、电视、网络等媒体上，阿胜看见过 1982 年前后农村分田到户的场景，在一间老旧堂屋中，生产队长召集各家代表开会，宣讲政策，确定分田方案等。那时，一个生产队有 20 多户人家。

（2）老戢在一家单位主持工作，是阿胜的好朋友，召集开会是老戢的本职工作之一。

（3）一年前阿芳从另一家单位辞职后，找到了现在的工作，成了阿胜的同事。

（4）从电影、电视、网络等媒体上，阿胜了解到看的非农业户口人员被下放到农村后，成了生产队的一员，也能分到田地来种植农作物。

一番梳理后，该梦境是阿胜曾经所历所见所闻的拼凑。阿胜从媒体上看到的生产队分田到户的场景，阿胜的好朋友老戡主持一家单位工作的场景，阿芳再就业后成了阿胜同事的场景，阿胜从媒体上了解到的下放到农村的人员也能分到田地来种植农作物的场景等，在梦境中拼凑在一起了。

梦境当天，阿胜见到了主持一家单位工作的老戡，于是梦境里就有了老戡牵头办事的场景。可谓：日有所见，夜有所梦。

99. 水面烟花的梦

阿祥做了个梦，梦见水寨里武功最高者被安排在空中点燃水面上的烟花。醒来后，阿祥觉得这个梦境很蹊跷：现实中已没有人割据水寨并以此为生了啊。

【梦境】

我和季先生被叮嘱：让水寨里武功最高者准备好，当老郑到达水寨来看望大家时，武功最高者便在空中点燃水面烟花，我和季先生则分别站立在烟花两旁。

【梦的分析】

梳理一下梦者阿祥曾经所历所见所闻。

（1）季先生是阿祥的同事、好朋友，两人工作中配合默契，经常一前一后、一左一右，圆满完成多项任务。

（2）老郑是阿祥和季先生的主管，逢年过节老郑都会看望阿祥、季先生等一众员工。

（3）梦境当天，阿祥一家三口去了古战场遗址参观，看到了缩微版水寨。去遗址的途中，阿祥看到有人在路边燃放烟花。

（4）从电影、电视等媒体上，阿祥看到过，古时候有一些人割据水寨或占山为王，并以此为生。水寨里或山洞里，武功最高者往往被赋予最重要的任务。

（5）阿祥看到过一些沿江城市，重大节日时在江面上燃放烟花的壮观场景。

一番梳理后，该梦境是阿祥曾经所历所见所闻的拼凑。阿祥和季先生经常一左一右、一前一后圆满完成多项任务的场景，老郑逢年过节看望阿祥等一众员工的场景，阿祥去过古战场遗址，看到过缩微版水寨，沿途见过路人燃放烟花的场景，从媒体上阿祥看到过古时候一些人割据水寨、以此为生，水寨里武功最高者被赋予最重要任务的场景，阿祥看到过沿江城市在水面上燃放烟花的场景等，在梦境中拼凑在一起了。

梦境前一天，老郑下基层看望员工，阿祥和季先生分立在两旁，欢迎老郑。梦境当天，阿祥又到了古战场遗址参观，看到了水寨，看到了沿途燃放烟花的美景，于是梦境里就有了烟花、有了水寨、有了老郑和季先生。可谓：日有所见，夜有所梦。

100. 招募宣传的梦

阿菁做了个梦，梦见自己和几位同事赶往古街献血点开展招募宣传活动。醒来后，阿菁觉得这个梦境很怪异：现实中，自己从没有在春节期间到献血点开展志愿服务啊？

【梦境】

接到陈陈电话："血液库存告急，你们动员一些人到古街献血点上，做一下招募宣传工作。放下电话后，我联系了阿川，让他动员几位年轻同事，连同他和我，一起赶往古街献血点，开展招募宣传活动。"

【梦的分析】

梳理一下梦者阿菁曾经所历所见所闻。

（1）陈陈是办公室主任，是阿菁的直接领导，八小时之外经常电话给阿菁布置工作。

（2）阿川是阿菁的好朋友，有困难时阿川和阿菁经常相互帮助。

（3）阿菁从媒体上了解到：春节前后，容易出现季节性血液紧张，这个时候，采供血机构在媒体上向公众发出倡议，鼓励更多的爱心人士无偿献血，也鼓励更多的热心人士参与无偿献血的招募宣传等志愿服务。

（4）阿菁居住地附近有一条古街，有大几百年历史了，保护得比较好，慕名而来参观古街的游客较多。采供血机构在古街设置了一个献血点，方便爱心人士捐血救人。

一番梳理后，该梦境是阿菁曾经所历所见所闻的拼凑。阿菁的直接领导陈陈经常打电话给阿菁布置工作的场景，阿川与阿菁经常互帮互助的场景，阿菁从媒体上了解到的，春节前后容易出现季节性血液紧张的场景，采供血机构在古街设置了献血点的场景等，在梦境中拼凑在一起了。

梦境前一天，阿菁路过古街，看到古街献血点上有一些年轻人开展志愿服务，于是阿菁的梦境里就有了招募宣传的场景。可谓：日有所历，夜有所梦。

101. 擦拭马桶的梦

阿春做了个梦，梦见家里的陶瓷马桶居然被放置在地板房中，马桶内壁和周边的地板上脏兮兮的。醒来后，阿春觉得这个梦境很蹊跷：现实中，家里的陶瓷马桶一直固定在卫生间的，从来没有被放置在地板房中。

【梦境】

家里地板房中放置着陶瓷马桶，这马桶不知道是被谁使用过了，马桶内壁上脏兮兮的，马桶外的地板上，也溅落着不少粪便。我估摸着，是谁跑肚拉稀了，才让马桶脏成这个样子。我找来一条抹布，用水打湿、拧干后，一点点做起清洁来。

【梦的分析】

梳理一下梦者阿春曾经所历所见所闻。

（1）阿春家的卫生间，固定安装了一个陶瓷马桶。每隔几天，阿春就会找来抹布，用水打湿、拧干后，为陶瓷马桶做一次清洁。

（2）阿春有了孙子后，家里从网上购买了一个婴幼儿塑料马桶，放置在装有木地板的室内，供小孙子使用。

（3）阿春在公共厕所看到过，一些跑肚拉稀的人使用公共马桶后，马桶内壁上脏兮兮的，马桶外的地方，也溅落着不少粪便。

一番梳理后，该梦境是阿春曾经所历所见所闻的拼凑。阿春家有着陶瓷马桶，阿春定期为陶瓷马桶做清洁的场景，阿春家将小孙子的婴幼儿塑料马桶放置在木地板房内的场景，阿春看到过公共厕所里的马桶内外脏兮兮的场景等，在梦境中拼凑在一起了。

梦境当天，阿春家的陶瓷马桶下水道出现了堵塞，阿春想办法疏通后，对马桶里里外外做了清洁，于是梦境里就有了擦拭马桶的场景。可谓：日有所历，夜有所梦。

102. 调离岗位的梦

晓兵做了个梦，梦见自己很可能要被调岗。醒来后，晓兵觉得这个梦很蹊跷：现实中自己在本职岗位上干得还不错，没有听到风声说要被调岗啊。

【梦境】

接到消息，自己可能会被调岗，新的岗位属于事情不多、收入也不高的那一类。一想到自己若被调岗后，上有老下有小的日子将更加捉襟见肘，我心里就不是个滋味。好朋友小四对我说：你别太难过，我来想想办法，看能不能争取你不被调岗。车间主任找到我，谈到我很可能被调岗，我表态时说了两点：一是，这么多年我在现岗位上勤勉工作，大家有目共睹，如果被这样调岗，对我不太公平，恳请领导们能考虑一下。二是，如果最终决定了的话，我坚决服从。

【梦的分析】

梳理一下梦者晓兵曾经所历所见所闻。

（1）晓兵工作中了解到，有的人干到退休前，三四十年中都没有调换岗位，有的人几年后会被调换岗位。被调换岗位的，有人欢喜有人愁。有人喜欢被调换到事情多一点但收入高一点的岗位，也有人喜欢收入少一点但事情少一些的岗位。对于上有老下有小的中青年人，多数喜欢事情多一点但收入高一点的岗位。

（2）晓兵正值上有老下有小的阶段，家里的经济压力主要靠晓兵和妻子承担。为此，晓兵和妻子工作时都很勤勉，很珍惜眼下的工作岗位。

（3）小四是晓兵的娃娃朋友，两人有话相互说，有困难相互搭把手。

（4）晓兵的直接领导是班组长，班组长的上级是车间主任。这些年，车间主任很少直接找晓兵谈话。偶有的那么两次谈话中，晓兵如实汇报想法后，表示听从领导的安排。

一番梳理后，该梦境是晓兵曾经所历所见所闻的拼凑。晓兵了解到的，被调换岗位时，有人欢喜有人愁的场景，晓兵正值上有老下有小阶段的场景，小四是晓兵的娃娃朋友，彼此有困难时相互搭把手的场景，晓兵曾经向车间主任如实汇报想法的场景等，在梦境中拼凑在一起了。

梦境前一天，晓兵所在车间有两位同事调换了岗位，于是晓兵的梦境里就有了调换岗位的场景。可谓：日有所历，夜有所梦。

103. 抢吃腌菜的梦

午休期间，王女士做了个梦，梦见家里的一大碗腌萝卜丁被亲戚们快吃完了。醒来后，王女士觉得这个梦很蹊跷：现实中，家里从来没有一口气买过两大碗腌菜的，还有，家里的外孙子才一岁多，压根就不吃腌萝卜丁的。

【梦境】

家里买回来两大碗腌菜，一碗是萝卜丁，一碗是豆角丁。女儿、女婿、外孙子，还有我和老伴儿，五个人都更喜欢萝卜丁一些。家里来了一帮亲戚，安排他们午餐后，亲戚们就陆续离开了。到了晚餐时间，外孙子发现原本有一大碗的萝卜丁，只剩下一点点了。老伴儿说：亲戚们也喜欢这萝卜丁啊，一顿中餐快将它吃光了。剩下的这点，就留给小朋友（外孙子）哦。

【梦的分析】

梳理一下梦者王女士曾经所历所见所闻。

（1）在菜市场买菜时，王女士见过附近早点铺伙计买腌菜的场面，他们一买就是两大碗分量的腌菜，有萝卜丁有豆角丁。

（2）王女士一家三代同住在一套三居室内，有王女士和老伴儿，有女儿、女婿，还有一岁多的小外孙子。

（3）最近家里来了一帮亲戚，王女士为他们张罗午餐，用餐后，这帮亲戚就陆续离开了。

（4）王女士刷手机时，看到某品牌萝卜丁的推介短视频。短视频里，几个人三下五除二，就将一大碗腌萝卜丁吃得没剩下多少了。

（5）亲戚过来串门时，给王女士家带来了一盒丝滑巧克力，王女士一家五口都喜欢这巧克力。每人吃完一块后，盒子里剩下的巧克力就不多了。王女士说："这剩下的，就留给小朋友（外孙子）哦。"

一番梳理后，该梦境是王女士曾经所历所见所闻的拼凑。王女士见过的有人一买就是两大碗分量的腌菜的场景，王女士一家三代五口人同住一套房内的场景，王女士为来访的亲戚们准备午餐的场景，王女士从手机短视频上看到某品牌萝卜丁推介宣传的画面，家里有好吃的优先满足外孙子的场景等，在梦境中拼凑在一起了。

梦境前几天，王女士刷手机时，几次看到为某品牌萝卜丁做推介的短视频，于是王女士的梦境里就有了抢吃腌菜的场景。可谓：日有所见，夜有所梦。

104. 娃不见了的梦

晓俊做了个梦，梦见找不到自己的娃了。醒来后，晓俊庆幸这只是一个梦，但也觉得这个梦很蹊跷：现实中，娃很听话，从不到处乱跑，没有出现过丢失的情况。

【梦境】

我的娃四岁了。今天是周末，阳光明媚，我带着娃出门，到所在小区陪她玩耍。遇见了一位熟人，便要娃自己玩一下，叮嘱娃不要跑远了，便在原地和熟人说起话来。说着说着，我环顾四周，没发现娃的身影，立马着急了，呼喊着娃的名字，撒腿跑起来四处去找娃。仍然没看见娃，心里越发着急。后来就醒过来了。

【梦的分析】

梳理一下梦者晓俊曾经所历所见所闻。

（1）晓俊的娃四岁大，周末天气好的时候，晓俊会带着娃到小区内玩耍，或其他地方看看，帮助娃结交小朋友，增长知识。

（2）带娃外出，需要接听电话时，晓俊会叮嘱娃就待在原地，不要跑动，以免走丢。

（3）在小区内，晓俊遇到熟人时，会微笑打个招呼，有时也会停下来说说话。

（4）从电影、电视、网络等媒体上，晓俊看到过丢失娃的画面：大人环顾四周，没看见娃后，很是着急，呼喊着娃的名字，撒腿四处寻找娃。

一番梳理后，该梦境是晓俊曾经所历所见所闻的拼凑。晓俊带娃玩耍的场景，晓俊接听电话时叮嘱娃不要跑动的场景，晓俊在小区内遇到熟人时停下来说说话的场景，晓俊从媒体上看到的丢失娃后家长着急的场景等，在梦境中拼凑在一起了。

梦境前两天，晓俊看了一档节目，讲述的是丢失娃后家长四处寻找的事情，于是晓俊的梦境里就有了娃不见了的场景。可谓：日有所见，夜有所梦。

105. 便民服务的梦

晓怀做了个梦，梦见文具店设置有便民服务台。醒来后，晓怀觉得这个梦有些怪异：现实中，晓怀从没见过哪家文具店免费提供便笺、笔等便民服务的。

【梦境】

离家不远的地方，有一家文具店。这家文具店设置有一个便民服务台，台上有便笺、毛笔、钢笔、墨水等，有需求的人可以用来写封信，写个寄件地址之类。文具店老板特意叮嘱正在服务台上写寄件地址的人：地址尽可能写详细一点，除了省、县、乡镇，还要将村、号准确写上，便于投递员投送。

【梦的分析】

梳理一下梦者晓怀曾经所历所见所闻。

（1）在晓怀的居住地，不远处有一家文具店。晓怀偶尔光顾这家店，去买笔和本子等。

（2）在邮局，晓怀看见过便民服务台。台上有便笺、毛笔、钢笔、墨水等，有需求的人可以用来写封信，写个寄件地址之类。在某眼镜连锁店，晓怀也看见过便民服务台，可以免费帮顾客清洗镜片，免费帮顾客更换眼镜的小螺丝。

（3）晓怀看见过，不管是以前邮政系统独家投递，还是现在多家快递公司同台竞争，快递员都会叮嘱寄件者，将寄件地址尽可能写详细一点，除了省、县、乡镇，还要将村、号准确写上，便于投递员投送。

一番梳理后，该梦境是晓怀曾经所历所见所闻的拼凑。晓怀偶尔光顾居住地附近文具店的场景，晓怀看见过邮局和某眼镜连锁店便民服务台的场景，晓怀了解到的快递员叮嘱寄件者详细填写寄件地址的场景等，在梦境中拼凑在一起了。

梦境前一天，晓怀收到了好朋友从异地寄来的一个包裹，装有异地的特色小吃，于是晓怀的梦境里就有了寄件的场景。可谓：日有所历，夜有所梦。

106. 安全检查的梦

小赵做了个梦，梦见自己和同事开展夜间安全查房。醒来后，小赵觉得这个梦境很蹊跷：梦境里的护士站工作台是 A 医院的，护士长是 B 医院的，护理部主任是 C 医院的，不同医院的人和物怎么碰到一起了呢？

【梦境】

和文昊一起夜间查房，了解护校实习生宿舍安全情况。到了病区，护士站工作台是从高到低那种设置。当班护士喊来护士长李铭，李铭介绍说：在护理部主任芳华安排下，护校实习生分三个地方住宿，一个是院内实习基地宿舍，一个是租用附近快捷酒店，一个是租用民宿。

【梦的分析】

梳理一下小赵曾经所历所见所闻。

（1）小赵在医院工作，和文昊是同事，两人的职责之一，就是医院安全管理。

（2）小赵所在的医院，每年都会接收几十名护校学生来院实习。安排好实习生住宿，保障实习生安全，是小赵的分内工作。为此，小赵和同事定期开展对护校实习生的夜间安全查房。

（3）小赵参加过兄弟医院安全交接检查，看到过 A 医院的护士站工作台是从高到低那种设置，B 医院有位护士长李铭，C 医院护理部主任叫芳华。

（4）小赵所在医院有院内实习基地宿舍，护校实习生都被安排在那里。

（5）小赵听说过，在突发事件时，有医院租用附近快捷酒店，也有医院租用附近民宿，给处置突发事件的医护人员提供住宿。

一番梳理后，该梦境是小赵曾经所历所见所闻的拼凑。小赵和同事文昊一起，司职院内安全管理的场景，小赵到兄弟医院安全互查时，看到过 A 医院的护士站工作台是从高到低那种设置，B 医院有位护士长李铭，C 医院护理部主任叫芳华的场景，小赵听说过在突发事件时，有医院租用附近快捷酒店，也有医院租用附近民宿，给处置突发事件的医护人员提供住宿的场景等，在梦境中拼凑在一起了。

梦境前一天，小赵接到通知，要求人员密集场所开展地毯式安全检查。于是，小赵的梦境里就有了安全检查的场景。可谓：日有所历，夜有所梦。

107. 认错车辆的梦

阿天做了个梦，梦见一位男子认错了车，将超市购买的大包小包东西放进了阿天车子的后备厢。醒来后，阿天觉得这个梦境很怪异：现实中，自己从没有开车去超市购物的经历，更没有人将大包小包东西错放在自己的后备厢里。

【梦境】

超市门口，顺序停放着三辆银灰色小车，其中有一辆就是我的。准备开车回家了，我刚用钥匙按下解锁键，一位男子从超市走出后，径直走向我的小车，掀开我的小车后备厢，将大包小包放进后备厢里。我愣了一下，才缓过神来，对这名男子说："这是我的车啊。"男子看了看车牌号，尴尬地笑了笑："不好意思，看错车了。"

【梦的分析】

梳理一下梦者阿天曾经所历所见所闻。

（1）每半个月左右时间，阿天就会背上双肩包，步行去附近超市，补充一些生活必需品。

（2）在超市门口，阿天看见那些开车购物者，将车辆有序停放着。结束购物后，他们开启小车的后备厢，将买来的大包小包物品放置在里面。

（3）有一次，在一个公共停车场，阿天看见三辆小车顺序停放在一起，都是银灰色车，而且是同一个款系的。

（4）阿天有一辆银灰色小车，平时很少开，节假日外出旅游时会使用它。准备开车时，阿天会用钥匙按下解锁键，车门和后备厢就可以拉开、掀开了。

（5）阿天从媒体上看见过有人上错小车的情景，上错车的人坐进去后，才发现不是自己要坐的车，一时场面有些尴尬。

一番梳理后，该梦境是阿天曾经所历所见所闻的拼凑。阿天去超市购物，看见开车购物者将采购来的大包小包物品放进汽车后备厢的场景，阿天在停车场看见三辆银灰色同款系车辆停放在一起的场景，阿天开车前按下车钥匙上的解锁键的场景。阿天从媒体上看见有人上错车后，场面有些尴尬的场景等，在梦境中拼凑在一起了。

梦境当天，阿天错把其他孩子当成自己姐姐的孩子，场面一时有些尴尬，于是梦境里就有了认错人或物的场景。可谓：日有所历，夜有所梦。

108. 陪伴母亲的梦

少华做了个梦，梦见兄妹三人在家里陪伴生病的母亲。醒来后，少华觉得这个梦境很蹊跷：现实中，已经成年的小妹从来没有借助两个春秋椅子，躺在椅子面板上睡觉的。成年人的个子，在两个春秋椅子上是无法躺下的啊。

【梦境】

母亲生病了，躺在床上，我们兄妹三人一起陪伴。晚上熬不住了，哥哥和我屁股坐在凳子上，脑袋和双手靠在床沿上，半睡半醒状态。持续一阵子后，我站了起来，环顾四周，看到已经成年的小妹借助两个春秋椅子，躺在椅子面板上睡着了。

【梦的分析】

梳理一下梦者少华曾经所历所见所闻。

（1）少华有兄妹三人，上有哥哥下有小妹，目前都已成年。

（2）少华的母亲身体不太好，一两年会去医院住院治疗一次。母亲住院期间，少华兄妹三人轮流在医院陪伴。

（3）少华从媒体上了解到，在城乡，老人重病后，为了避免人财两空，执意回家度过最后的日子。儿女们陪伴、守候在老人床前，熬不住了的话，就着凳子和床沿，打个盹儿。

（4）少华的小妹，五六岁大时聪明又顽皮，夏天时，在家里阳台上，搬来两个春秋椅子，躺在椅子面板上，躺着躺着就睡着了。少华或哥哥，将睡着了的小妹抱到床上，以免小妹着凉感冒。

一番梳理后，陪伴母亲的梦境是少华曾经所历所见所闻的拼凑。少华上有哥哥下有小妹的场景，母亲住院时少华兄妹三人在医院陪伴守候的场景，少华从媒体上了解到，儿女们在家里陪伴病入膏肓的老人的场景，小妹五六岁大时，借助两把春秋椅子，在家里阳台上躺着睡觉的场景等，在梦境中拼凑在一起了。

梦境前一天，少华的父亲住院了，少华兄妹三人轮流在医院陪伴老人，于是少华的梦境里就有了陪伴老人的场景。可谓：日有所历，夜有所梦。

109. 头班公交的梦

晓浩做了个梦，梦见外甥冬冬来家里住一宿，第二天坐头班公交赶往二十五中参加一个面试。醒来后，晓浩觉得这个梦很蹊跷：现实中，自己的家就在二十五中旁边，步行只需要五分钟左右，根本不需要坐头班公交的。

【梦境】

外甥冬冬来家里住一宿，告诉我说："第二天得早起床，乘坐五点半左右的头班公交，赶往二十五中，参加八点钟开始的一个面试。"接下来，冬冬要赶往十五中，参加下午两点半的一场考试。我叮嘱冬冬晚上好好休息，我定好了闹铃时间，第二天早上会叫醒他，送他去赶头班公交，不会耽误他的事情的。

【梦的分析】

梳理一下梦者晓浩曾经所历所见所闻。

（1）外甥冬冬和舅舅晓浩很亲近，走动也比较频繁。冬冬初中毕业前，每个月都要来舅舅晓浩这边住上一两个晚上。

（2）晓浩的家离二十五中很近，步行只需要五分钟左右。离十五中也不远，步行大约需要十分钟。

（3）晓浩步入职场后，为了参加面试和职业资格考试，曾经很早起床，乘坐五点半左右的头班公交。

（4）晓浩有早起的习惯，每天定好闹铃时间，听到闹铃声后，就翻身起床。

一番梳理后，该梦境是梦者晓浩曾经所历所见所闻的拼凑。外甥冬冬一个月来晓浩家住上一两个晚上的场景，晓浩经常看见二十五中和十五中的场景，晓浩为了参加面试和职业资格考试，早起床，赶头班公交的场景，晓浩每天设置闹铃时间起床的场景等，在梦境中拼凑在一起了。

梦境前一天，晓浩路过二十五中门口，看见校门口拉起了"×××考试"横幅，于是梦境里就有了参加考试的场景。可谓：日有所见，夜有所梦。

110. 同时内急的梦

阿剑做了个梦，梦见父母和自己三人同时内急，家里厕所顿时紧张。醒来后，阿剑觉得这个梦境很怪异：现实中，家里从来没出现过三人同时要急着上厕所的情况啊。

【梦境】

父亲、母亲和我，都急着要上厕所，但家里只有一个厕所蹲位。

情急之下，让急着要大便的父亲去了厕所，母亲在房间用痰盂应急，我拿着自己的洗脚盆，拉上窗帘后，在家里的客厅对付一下。

【梦的分析】

梳理一下梦者阿剑曾经所历所见所闻。

（1）阿剑和父母住在一起，家里是那种老式步梯房，小两室一厅一厨一卫的那种。

（2）母亲腿脚不太方便，房间里放置了一个痰盂，大冬天的时候，晚上母亲起夜的话，就在痰盂里解决，第二天白天阿剑帮母亲清洗痰盂。

（3）阿剑上班的公司，厕所蹲位不多，但上班的人不少，常常出现排队如厕的情况。

（4）阿剑记忆中，小时候自己偶尔在洗脚盆中解决小便。

一番梳理后，三人内急的梦是阿剑曾经所历所见所闻的拼凑。阿剑和父母住在小两室一厅老旧房子的场景，大冬天的晚上阿剑的母亲在房间痰盂里解决如厕问题的场景，阿剑所在公司常常出现排队如厕的场景，阿剑小时候偶尔在洗脚盆中小便的场景等，在梦境中拼凑在一起了。

梦境当天上午，公司厕所一下子来了好几位，排队等候如厕，于是梦境里就有了厕所紧张的场景。可谓：日有所历，夜有所梦。

111. 泌外疾病的梦

阿萌做了一个梦，梦见自己感染了阴道滴虫。醒来后，阿萌觉得这个梦境很怪异：现实中，阴道滴虫感染是女性疾病，自己一男的怎么可能有呢？

【梦境】

一年一度体检结果出来了，从手机上查看我的报告单，显示我的泌尿系统有点毛病——阴道滴虫感染，妻子反倒没有这方面的毛病。我有些纳闷儿，但还得正视现实，准备去医疗机构或药店买药治疗。当时在参加公司组织的团建，地点在一个山上。我赶紧下山去找地方买药，下山途中遇见了公司的为群部长。下山后，来到社区卫生中心，购买一盒治疗阴道滴虫的药，花了三十多元钱。

【梦的分析】

梳理一下梦者阿萌曾经所历所见所闻。

（1）阿萌所在的公司管理比较规范，每年开展一次员工体检。

（2）近两年，阿萌通过手机，就可以查询到自己的体检结果。

（3）阿萌从媒体上了解到，有一种泌尿系统疾病是阴道滴虫感染，它是女性阴道的一种炎症。公司体检中，有少数女性员工就检出了阴道滴虫感染，她们在医生指导下用药治疗。

（4）这些年，阿萌的妻子参加她所在公司的体检，尚未检出有阴道滴虫。

（5）阿萌参加过公司团建活动，地点是一个山上。

（6）为群是阿萌所在公司的一位部长。

（7）阿萌曾经去过社区卫生服务中心买药，有一次只买了一盒药，价格是三十多元。

一番梳理后，该梦境是阿萌曾经所历所见所闻的拼凑。阿萌所在公司每年为员工安排一次体检的场景，阿萌通过手机查看自己的体检报告的场景，阿萌从媒体上了解到阴道滴虫感染是一种泌尿系统疾病的场景，阿萌曾经到社区卫生服务中心购买过一盒价格三十多元药品的场景等，在梦境中拼凑在一起了。

梦境前几天，阿萌的泌尿系统出现过脂肪粒，到医院做了切除，于是阿萌的梦境里就有了泌尿系统疾病的场景。可谓：日有所历，夜有所梦。

112. 老人去世的梦

晓昆做了个梦，梦见自己的母亲去世了。醒来后，晓昆觉得这个梦境很怪异：现实中，自己的母亲好好活着呢。还有，一张纸上怎么可能有免提键，按下后还能通话呢？

【梦境】

周六凌晨，我听到电话铃声响，打开一张纸，按下免提键通话。电话是小妹从医院打来的，告知母亲已经去世。我想着三天后送母亲上山，母亲去世时间是周五晚上还是周六早晨呢？如果时间是周五晚上，周日就得上山，下户口、联系殡仪馆、看墓地、通知亲戚等上山前的琐事，都得在周六白天完成，时间很紧。如果时间是周六早晨，准备琐事的时间就宽裕一些，但周一上山，还在上班的亲戚就得请半天假。

【梦的分析】

梳理一下梦者晓昆曾经所历所见所闻。

（1）一年前，同事送了晓昆一个本子，打开本子后，发现本子的封三位置居然带有一根充电线和一个薄薄的充电宝，有了这"一线一宝"，就可以用来为手机充电。晓昆当时惊讶了：没有做不到，只有想不到的。

（2）晓昆使用过手机免提键，能放大音量，还可以腾出手来。

（3）晓昆有一个妹妹，母亲的很多事情都是小妹帮忙打理。

（4）晓昆参加过一些同事家老人的告别仪式，听同事讲述过老人在半夜去世后对去世日期的算法，有的家庭算作前一天，有的算作后一天，为的是便于安排老人后事。

一番梳理后，该梦境是梦者晓昆曾经所历所见所闻的拼凑。晓昆有过一个本子，打开后，发现里面有着不同于普通纸张的功能的场景，晓昆使用过手机免提键的场景，晓昆的妹妹照顾母亲，帮母亲打理事情的场景，晓昆听说过不同家庭对在半夜去世后的老人其去世日期有着不同算法的场景等，在梦境中拼凑在一起了。

梦境前一天，梦者看到殡仪馆来车，将小区一位去世的老人接走，于是晚上的梦境里就有了老人去世的场景。可谓：日有所见，夜有所梦。

113. 厕所渗水的梦

帆哥做了个梦，梦见自家厕所渗水了，准备请人挖开后重新做防水层。醒来后，帆哥觉得这个梦境很怪异：现实中，自家住房虽然有些老旧，但并没有出现厕所渗水的情况啊。

【梦境】

家里的厕所有点渗水，准备请人挖开厕所地面，重新做防水层。和妻子一起将厕所里的杂物清理出来，将家里随处放置的衣物鞋子等集中堆放，以便给施工的师傅们留出作业空间。我问妻子："芝麻切片、红薯片等零食呢？"妻子回答："和杂七杂八的东西放在一起了，得去翻找。"

【梦的分析】

梳理一下梦者帆哥曾经所历所见所闻。

（1）帆哥和工厂同事辉哥住在同一栋步梯房内。上个月，辉哥家厕所渗水，请人帮忙挖开，重新做了防水处理。

（2）辉哥家挖开厕所时，帆哥去看过那场景，厕所里的杂物被清理出来，还有衣物鞋子等，都堆放在一起，施工的师傅们才有了作业空间。

（3）帆哥和妻子有购买零食的习惯，帆哥喜欢芝麻切片、红薯片，帆哥的妻子喜欢花生和瓜子。

一番梳理后，该梦境是帆哥曾经所历所见所闻的拼凑。帆哥的同事辉哥家厕所渗水，请人开挖的场景，辉哥家开挖厕所时，厕所杂物连同衣物鞋子等被堆放在一起的场景，帆哥喜欢芝麻切片、红薯片这样的零食的场景等，在梦境中拼凑在一起了。

梦境前不久，帆哥家刚刚置换了一套二手房，准备简单维修，粉刷一下后搬进去，于是梦境里就有了维修住房的场景。可谓：日有所历，夜有所梦。

114. 老人帮忙的梦

晓萍做了个梦，梦见母亲过来帮忙收拾杂物，便于粉刷房屋。醒来后，晓萍觉得这个梦境很蹊跷：现实中，母亲已经去世两年了，怎么可能过来帮忙呢？

【梦境】

原有房屋拆迁，买了套小面积二手房。准备将二手房粉刷一下，起到做清洁的作用。早上听到敲门声，开门一看，是母亲赶过来了，准备帮我们收拾一下，便于房内粉刷。

【梦的分析】

梳理一下梦者晓萍曾经所历所见所闻。

（1）晓萍和老公居住的房屋去年拆迁，上个月买下了一套小面积的二手房。

（2）购买之前，这套房屋多年处于出租状态，租客是几位单身男性，屋内看相比较陈旧。晓萍和老公准备在搬进去前，自己动手粉刷一下，既让房屋亮堂一些，也起到清洁作用。

（3）晓萍的母亲因为交通意外去世两年了。母亲在世时，晓萍这边有什么大一点的事情，母亲都会赶过来帮忙。

一番梳理后，该梦境是晓萍曾经所历所见所闻的拼凑。晓萍和老公买了套小面积二手房的场景，晓萍和老公准备自己动手粉刷一下二手房的场景，晓萍的母亲在世时帮衬晓萍的场景等，在梦境中拼凑在一起了。

梦境当天，晓萍和老公商量着准备近日给两边逝去的老人扫墓，于是梦境里就有了老人的场景。可谓：日有所思，夜有所梦。

115. 带娃出境的梦

晓倩做了个梦，梦见自己和同事相约准备去欧洲旅游，还顺便将自己的娃带上。醒来后，晓倩觉得这个梦很蹊跷：现实中，自己和娃从未办理过出国护照和签证啊。

【梦境】

和几位同事相约，准备利用假期去欧洲旅游。批复下来的签证名单中，除了同事和我，还有我的娃。我想：既然名单中有我的娃，那就带上吧，反正费用都是自理。离出发时间还有几个小时，我清理了随身的小包，里面有手机、充电器、水杯等。接着还看了看单位一场演出的演出前准备，各部门积极排练，很努力地准备着节目。新入职的陈姐从后面轻轻拍了拍我的肩膀，我给她详细介绍了人事关系怎么办理。

【梦的分析】

梳理一下梦者晓倩曾经所历所见所闻。

（1）前几年，晓倩的同事中，有几位利用假期自费前往欧洲旅游。回来后，同事们向晓倩分享了她们的旅游见闻和风景照片。

（2）今年春节刚过，晓倩和兄弟姐妹利用周末时间，带上各自的娃，前往附近的景点一日游。大人、小孩一起外出，玩得不亦乐乎。

（3）工作中晓倩经常出差，临出差前晓倩会清理随身小包，里面有手机、充电器、水杯等，还有换洗衣服和洗漱用品。

（4）两个月前，晓倩看到了单位一场演出的演出前准备，各部门积极排练。

（5）陈姐是晓倩单位一名刚入职的同事，梦境前一天晓倩向陈姐详细介绍了人事关系怎么办理。

一番梳理后，该梦境是晓倩曾经所历所见所闻的拼凑。晓倩的同事自费前往欧洲旅游的场景，晓倩和兄弟姐妹带上各自的娃，前往附近景点一日游的场景，晓倩出差前清理小包和换洗衣服的场景，晓倩看到了单位同事演出前准备的场景，晓倩对新入职的陈姐详细介绍人事关系办理情况的场景等，在梦境中拼凑在一起了。

梦境前一天，晓倩向陈姐详细介绍了人事关系怎么办理，于是梦境里就有了晓倩热情帮助新入职同事的场景。可谓：日有所历，夜有所梦。

116. 上联下联的梦

阿江做了个梦，梦见好朋友请他为水中的广告牌补充下联。醒来后，阿江觉得这个梦境很怪异：现实中，阿江从未看见过水中竖立着广告牌啊。

【梦境】

阿尧、阿雄走在亲水平台上，边走边吟诗。水中，竖立着很多广告牌。其中有一块广告牌是阿尧、阿雄他们公司的，只有上联没有下联。阿尧找到我，要我帮忙，将下联补上。阿尧饶有兴趣地指着水里那众多的广告牌说，需要几个人管理好这些牌子，既管理了广告牌，又解决了几个人的就业问题。

【梦的分析】

梳理一下梦者阿江曾经所历所见所闻。

（1）阿尧、阿雄是阿江的同事和好朋友。阿尧、阿雄有公司才子的美誉，两人都喜欢吟诗诵词。

（2）阿江居住地附近是湖面，湖面四周有亲水平台，附近的居民和游客喜欢在亲水平台上散步。

（3）渡江节活动上，阿江看见江面上一个个方队有序向前，每一个方队有一个牌子，牌子上有着醒目大字"公交""公安""卫生""园林"等。

（4）在高速公路两旁，阿江和阿尧看见过一些广告牌。广告牌上有着图片，还有着朗朗上口的广告词"思想有多远，行动有多远""一旦拥有，终生难忘"等。阿尧说，这些广告牌需要几个人去做更新和维护，既管理了广告牌，又解决了几个人的就业问题。

（5）近期，阿江所在公司在内部征集企业理念。阿江想到了上一句"基业长青，行稳致远"，下一句暂时没有想好。好友阿尧鼓励阿江将下一句想出来，还说同一个人想出来的上句、下句，风格上能保持一致。

一番梳理后，该梦境是阿江曾经所历所见所闻的拼凑。阿江的好朋友阿尧、阿雄喜欢吟诗诵词的场景，阿江居住地附近的亲水平台上，经常有人散步的场景，渡江节活动上，阿江看见水面上有很多牌子的场景，高速公路上，阿江和阿尧看见过一些广告牌的场景，阿江参与企业理念征集，想好了上句还没想好下句的场景等，在梦境中拼凑在一起了。

近期阿江参与企业理念征集，想好了上句还没想好下句，于是梦境里就有了上联下联的场景，可谓：日有所历，夜有所梦。

117. 合伙投资的梦

东林做了个梦，梦见自己与其他几个人合伙投资做旅游服务。醒来后，东林觉得这个梦很蹊跷：现实中，自己从未购买过二手客车，更没有与人合作做生意啊。

【梦境】

我花了 9.5 万元，购买了一辆二手客车。光有客车是不够的，还得办理客运线路，还得有开车的师傅。于是，我以二手客车作为投资，与其他几个人一起做旅游服务。运行一段时间，其他几个人信誉不好，欺骗游客。我觉得这样下去不是个事，只能退出旅游合作项目。至于投资进去的二手客车，权当是自己交了学费。

【梦的分析】

梳理一下梦者东林曾经所历所见所闻。

（1）九年前东林购买了一辆私家车。购车前，东林了解到新车一旦购买、投入使用后，若作为二手车转让，价格会很低。譬如，一辆 70 万元左右的客车，运行三五年后，作为二手车转让价格只有 10 万元左右。

（2）东林参加过旅游公司组织的旅游，了解到旅游服务需要有旅游线路、旅游客车、客车师傅、随车导游等。有的旅游公司是个人投资，有的是合伙投资。

（3）东林从媒体上了解到，有一些旅游公司信誉不好，欺骗游客，给游客带来了不好的旅游体验，也造成了不好的社会影响。

（4）东林从媒体上了解到，一些投资人选择的项目不够好，只能及时止损。至于投资进去而无法收回的投入，权当是交了学费。

一番梳理后，该梦境是梦者东林曾经所历所见所闻的拼凑。东林了解到的，有的二手客车只需要 10 万元左右的场景，旅游公司有的是合伙投资，共同完成购买客车、申请线路、聘请师傅、聘请导游等的场景，一些旅游公司信誉不好，欺骗游客的场景，投资人投资失败，权当是交了学费的场景等，在梦境中拼凑在一起了。

梦境前一天，东林购买了一辆电动车，于是梦境里就有了购车的场景。可谓：日有所历，夜有所梦。

118. 保研考研的梦

高先生做了个梦，梦见阿斌被保研了。醒来后，高先生觉得这个梦很蹊跷：现实中，大四那年，高先生的室友中只有晓松被保研了。阿斌是高先生的同事而不是室友，阿斌的学历是本科，没有被保研过。

【梦境】

大学室友中，阿斌被保送到本校研究生。我呢，考取了同城另一所 985 高校的研究生。我参加研究生入学考试的专业课中，有结构化学，还有化学综合。化学综合中，有无机化学、有机化学、分析化学、物理化学等内容。

【梦的分析】

梳理一下梦者高先生曾经所历所见所闻。

（1）高先生的大学室友中，晓松被保研了。高先生自己考取了同城另一所 985 高校的研究生。

（2）高先生的高中同学中，有几位大学期间所学专业是化学。高先生听这几位同学介绍过，化学专业研究生入学考试中，会有两三门专业课考试，涵盖无机化学、有机化学、分析化学、物理化学、机构化学等知识。

（3）大学期间，高先生参加过学校组织的大学生学习竞赛，其中有一项是综合知识竞赛，知识点涵盖文学、历史、法律、经济、管理、数学、物理、化学、生物等。大一那年，高先生就在该项竞赛中获得了二等奖的好成绩，大二大三那年获得了该项竞赛的一等奖。

（4）高先生了解到，近些年来高考中，文科生会有一门文综考试，知识点涵盖政治、历史、地理，而理科生会有一门理综考试，知识点涵盖物理、化学、生物。

一番梳理后，该梦境是高先生曾经所历所见所闻的拼凑。高先生有位大学室友被本校保研，高先生自己考取了同城另一所 985 高校研究生的场景，高先生了解到，化学专业研究生入学考试中，会有两三门专业课考试，涵盖无机化学、有机化学、分析化学、物理化学、机构化学等知识的场景，大学期间高先生参加过综合知识竞赛的场景，高先生了解到，近年来高考有综合考试的场景等，在梦境中拼凑在一起了。

梦境前一天，高先生的孩子参加了技术资格证考试，一周来，高先生和妻子协助孩子备考。于是，高先生的梦境里就有了考试的场景。可谓：日有所思，夜有所梦。

119. 舅甥相像的梦

阿卫做了个梦，梦见同事阿季和他儿子、他舅舅近乎是一个模子刻出来的。醒来后，阿卫觉得这个梦境很怪异：现实中，阿季和他儿子、他舅舅并不相像啊。

【梦境】

泥土路上，遇见了同事阿季。和阿季在一起的还有一位男孩和一位老人。三个人像一个模子刻出来的，太相像了。阿季向我介绍说，男孩是他儿子，老人是他舅舅。

【梦的分析】

梳理一下梦者阿卫曾经所历所见所闻。

（1）小时候，阿卫生活在乡村，那时每天行走在泥土路上。

（2）阿季是阿卫的同事和好朋友，两人经常见面。阿卫见过阿季的儿子，阿季的儿子和阿季的妻子在脸形上比较相象，和阿季是不一样的脸形。阿季还有个舅舅，这舅舅与阿季、阿季的儿子脸形上相差较大。

（3）阿卫的初高中同学阿树，也有个儿子。阿树和他儿子，近乎是一个模子刻出来的，两人脸形太相像了。

一番梳理后，该梦境是阿卫曾经所历所见所闻的并凑。小时候阿卫行走在泥土路上的场景，阿卫见过同事阿季的儿子和阿季的舅舅的场景，初高中同学阿树的儿子与阿树脸形上很相像的场景等，在梦境中拼凑在一起了。

梦境前一天，阿卫见着阿季了，两人在一起还聊了好一阵子。于是，阿卫的梦境里就有了阿季的场景。可谓：日有所见，夜有所梦。

120. 骑行陡坡的梦

晓雯做了个梦，梦见自己在一段 45 度左右的陡坡上骑行。醒来后，晓雯觉得这个梦境很蹊跷：现实中，自己从未在那么陡的坡路骑行过啊。

【梦境】

一段 45 度左右的陡坡，我奋力向上骑行，骑行一百多米，离坡顶只有几米远时，实在没劲向上骑行了。我双手握住车刹，停下来，躺在陡坡上。看了一下身后，后面是同事郭女士，她在我身后约五十米处就停下了。我一手抓住自行车，一手抓住地面凸起的地方，渐渐地，连人带车爬上了坡顶。

【梦的分析】

梳理一下梦者晓雯曾经所历所见所闻。

（1）晓雯在媒体上看到过，有人为了挑战自我，在 45 度甚至更陡峭的坡路上骑行自行车，或驾驶摩托车冲顶。

（2）十年前，晓雯徒步登顶过华山。登顶过程中，有一段叫做千尺幢，千尺幢的坡度极陡，超过了 45 度，是一条峭壁上的大裂缝，陷在两旁的巨石之间，共三百多级台阶，每级台阶的宽度不过三分之一的脚掌，行人近乎是趴在台阶上，双手抓住台阶旁的铁链，才得以前行。爬上千尺幢顶端后，俯视脚下，如临深渊，令人望而生畏。

（3）晓雯有过骑行的经历，在坡路上骑行时，中途如果要停下来，得双手捏住刹车，否则会出现溜坡。

（4）郭女士是晓雯的同事，两人曾搭档参加过公司组织的运动会。在体能和技巧方面，郭女士略逊于晓雯。

一番梳理后，该梦境是梦者晓雯曾经所历所见所闻的拼凑。晓雯从媒体上看到过有人在 45 度甚至更陡峭的坡路上骑行的场景，晓雯徒步登顶华山过程中，经过陡峭的千尺幢时，趴在台阶上，双手抓住铁链，才得以爬过千尺幢的场景，晓雯在坡路上骑行，中途停下来时，得捏住刹车以防溜坡的场景，晓雯的同事郭女士，在运动体能和技巧上略逊于晓雯的场景等，在梦境中拼凑在一起了。

梦境前三天，晓雯新购置了一台助动车，骑行起来比自行车省力了许多，于是梦境里就有了骑行的场景。可谓：日有所历，夜有所梦。

主要参考文献

[1] 李德新.中医基础理论（第二版）[M].长沙：湖南科学技术出版社，2001.

[2] 陆华新.梦、睡眠与心理问题 [M].北京：现代出版社，2024.

[3] 美国精神医学学会.精神障碍诊断与统计手册（第五版）[M].北京：北京大学医学出版社，2018.

[4] 施剑飞，骆宏.心理危机干预实用指导手册 [M].宁波：宁波出版社，2016.

[5] 车文博.心理咨询大百科全书 [M].杭州：浙江科学技术出版社，2001.

[6] 国家卫生健康委员会医政医管局.CN－DRG 分组方案（2018）[M].北京：北京大学医学出版社，2019.

[7] 陆林.沈渔邨精神病学（第六版）[M].北京：人民卫生出版社，2018.

[8] 国家卫生健康委员会医政医管局.精神障碍诊疗规范（2020）[M].北京：人民卫生出版社，2020.

[9] 张明园，何燕玲.精神科评定量表手册 [M].长沙：湖南科

学技术出版社，2015.

[10] 于欣.精神科住院医师培训手册［M］.北京：北京大学医学出版社，2011.

[11] 喻东山，葛茂宏，苏海陵.精神科合理用药手册（第三版）［M］.南京：江苏凤凰科学技术出版社，2016.

[12] 王祖承.难治性精神疾病［M］.上海：上海科学技术出版社，2007.

[13] 陆林，王高华.新型冠状病毒肺炎全民心理健康实例手册［M］.北京：北京大学医学出版社，2020.

[14] 赵俊，刘连忠.居民心理健康素养提升指南（社区版）［M］.武汉：武汉出版社，2023.

[15] 刘连忠，李毅.突发公共卫生事件精神卫生机构防控实践［M］.北京：人民卫生出版社，2022.

[16] 陆华新，俞廷.阳光心态看世界［M］.武汉：武汉大学出版社，2013.

[17] 陆华新.平凡的人.开朗的心［M］.武汉：武汉出版社，2020.

后　记

　　做梦是人类普遍的生理现象，梦境有哪些属性，有哪些作用，等等问题，多年来笔者断断续续在思考。

　　2023 年 9 月现代出版社审核同意，2024 年 1 月正式出版了笔者的作品《梦、睡眠与心理问题》，提振了笔者对梦的研究的信心。于是，继续利用早晚和节假日时间，整理多年素材，搭建手稿框架，查阅文献资料，逐章逐节前行，完成手稿《梦的研究和梦例分析》的写作。

　　这部手稿是武汉市汉口医院团队合作的结果。杨名先生以其扎实的西医临床功底，对手稿涉及的现代医学理论和知识进行审校和补充。余芳女士从事中医临床和教学近三十年，对手稿涉及的中医基础与理论进行补充和审校。董汉宁先生具有较为丰富的精神和心理临床经验，对手稿涉及的心理知识和内容进行了补充和审校。丁萌女士从事临床护理工作二十多年，参与了手稿梦例分析六万多字的撰写与审校，承担了与出版社的对接事宜。李俊平女士参与了手稿的统稿和整理工作。

　　这部手稿的出版是传媒界老师们热情帮助的结果。北京墨知缘文化传媒有限公司的葛风芹老师、长江日报传媒集团的谢东星老师以及现代出版社的编辑老师，悉心指导手稿，给予了很多有益的修改意见。

　　笔者才疏学浅，手稿中肯定会存在疏漏和错误，恳请专家、学者、读者们批评指正。

　　　　　　　　　　　　　　　　　　　陆华新

　　　　　　　　　　　　　　　2024 年 6 月 16 日